팔도 동물 열전

최애, 극혐, 짠내를 오가는 한국 야생의 생존 고수들

팔도 동물 열전

곽재석 지음

다른

차례

우리가 놓친 한국 야생의 이야기

세상에서 가장 숲이 우거진 나라는 어디일까? OECD 회원국을 기준으로 보면 핀란드가 유력한 후보다. 2012년 OECD 통계에 따르면 핀란드는 국토의 73% 이상이 숲으로 덮여 있다고 한다. 넓은 국토에 비해 인구가 적은 핀란드는 자연을 사랑하는 선진국이다. 사람들은 동식물을 아끼며 살아가고, 광활한 북극권에는 자작나무 숲이 끝없이 펼쳐져 있다. 이런 모습을 떠올리면 핀란드가 세계에서 나무가 가장 많은 나라 중 하나라는 사실도 자연스럽게 느껴진다.

그렇다면 한국은 어떨까? 국토에서 숲이 차지하는 비율로 보면, 인구 밀도가 높은 나라들 가운데 한국은 최상위권에 속한다. OECD 통계에 따르면 한국의 산림 비율은 핀란드, 일본, 스웨덴에 이어 네 번째로 높다. 하지만 정작 한국에 살면서 이 나라를 대자연의 나라로 떠올리는 사람은 드물다. 그러나 실제로는 한국 땅의 64% 이상이 숲으로 이루어져 있다.

핀란드는 유럽에서도 인구 밀도가 무척 낮은 나라다. 제곱킬로미터당 인구가 20명 남짓에 불과하다. 반면 한국은 그 20배가 넘는 제곱킬로미터당 500명이 넘는 인구 밀도를 자랑한다. 이런 조건에서 숲이 이렇게나 많다는 것은 대단히 놀라운 사실이다. 다시 말해, 한국은 사람이 굉장히 많이 살면서 동시에 숲이 울창한 나라다.

이런 배경에는 여러 이유가 있다. 한국은 산이 많은 지형이라 사람이 머물러 살거나 농사를 짓기 어려운 땅이 많고, 그 대부분은 숲으로 덮여 있다. 또한 전형적인 동아시아 기후권에 속해 있어 사막이나 초원, 빙하 같은 지형이 나타나지 않는다. 여기에 몇몇 대도시에 인구가 몰리고, 고층 아파트를 선호하는 주거 문화 덕분에 더 많은 땅이 비워지게 되었다. 이처럼 다양한 요인이 어우러지면서 현대의 한국은 자연스럽게 숲이 많은 환경을 갖추게 된 것이다.

길을 걷다 보면 '산이 많으니 나무도 많겠지' 하고 대수롭지 않게 여길 수 있다. 하지만 막상 따져보면 한국처럼 사람과 가까운 곳에 풍부한 자연이 펼쳐진 나라는 세계적으로 흔치 않다. 돌이켜보면, 한국에서는 지난 몇십 년 동안 환경 보호의 중요성을 강조하면서 도시 개발로 인해 자연이 파괴된다는 보도가 자주 나왔다. 급격한 산업화와 도시화로 농촌, 어촌, 산촌에 살던 사람들이 빠르게 도시로 몰리면서 자연을 접할 기회도 크게 줄어들었다. 그러다 보니 자연 보호를 강조하는 과정에서 '한국은 자연을 잘 지키지 못하는 나라'라는 표현이 곧잘 사용되었다. 당시에는 이런 접근이 전략적으로 필요했을 수 있다. 그러나 그런 말들이 반복되면서 어느새 '한국은 자연이 부족한 나라'라는 고정관념이 생기는 역효과도 나타난 것 같다.

사실 한국은 꽤 독특한 자연 환경을 지닌 나라다. 자연은 우리 곁에 가까이 있지만, 한국 사람들은 이를 잘 모르는 경우가 많다. 예를 들어 까치는 한국에서 너무 흔해 그저 그런 새로 여겨지지만 아프리카, 인도, 아메리카 대륙에는 없다. 아시아에서도 중국 일부 지역을 벗어나면 한국과는 다른 종의 까치가 산다. 일본에서도 까치는 한반도와 가까운 몇몇 지역에서만 자주 보이며, 제주도에 까치가 퍼진 것도 20세기 후반이 되어서다. 이렇듯 한국의 흔한 까치조차 세계적으로는 귀한 새다.

그래서 나는 이 책에서 우리가 무심히 지나치는 일상 속 공간에도 얼마나 소중한 자연의 이야기가 깃들어 있는지 밝혀보고자 했다. 그런 마음으로 여덟 가지 야생동물을 중심으로 다양한 이야기를 모아, 자연과 환경에 관심을 갖고 다시 돌아보게 하는 재미난 사연들을 엮었다.

한국의 동물들은 오랜 역사를 지닌 이 땅에서 한국인과 함께 살아오며 수많은 이야기를 남겼다. 이 책에서는 동물에 얽힌 신비롭고 기이한 전설과 신화부터 최근 생태계 변화에 따른 동물들의 삶까지 두루 살펴본다. 그동안 우리는 한국에 살면서도 한국 자연에 무심한 나머지 동물 다큐멘터리라고 하면 흔히 아프리카 초원을 먼저 떠올렸다. 그래서 익숙해서 미처 몰랐던 한국 동물들의 이야기가 오히려 새롭게 다가올 것이다. 이 책을 쓰는 동안 나 역시 무척 즐겁고 뜻깊었다.

다만 미리 밝혀둘 점 있다. 책 제목은《팔도 동물 열전》이지만 실제로는 남한 지역의 동물만을 다루었다. 북한 지역의 생태 자료를 조사하기가 무척 어려웠기 때문이다. 언젠가 머지않은 미래에 더 넓고 깊은 이야기를 담을 기회가 오기를 꿈꿔본다.

또한 환경을 전공하며 우리 주변 자연에 더 깊은 관심을 갖도록 이끌어주신 은사님, 박준홍 교수님께도 깊이 감사드린다.

지금부터 어쩌면 집 앞 공원에, 동네 뒷산에 숨어 있을지 모를 놀라운 한국의 야생으로 모험을 떠나보자.

2025년, 홍천에서

1장

고라니 × 충청남도

한국에는 널리고 깔린 희귀종

백제 멸망을 예언한 괴물

약 1,400년 전, 7세기 삼국 시대 백제의 중심지는 지금의 충청남도 부여 인근이었다. 따라서 《삼국사기》에서 이 시기 백제의 역사를 찾아보면 충청남도 지역에서 벌어진 사건들이 많이 기록되어 있다. 그중에서도 내가 오랫동안 유심히 살펴본 것은 백제가 멸망한 해인 서기 660년의 기록이다. 《삼국사기》에는 백제 멸망 직전에 온갖 이상하고 흉흉한 일들이 일어났다고 나와 있다. 그 내용이 워낙 기이하고 기괴해서 처음 보았을 때부터 유독 눈길을 끌었다.

폭풍우와 거센 비바람이 몰아쳤다는 비교적 평범한 이야기부터 배가 물이 아니라 땅 위에 나타나는 괴상한 모습을 사람들이 보았다는 알 수 없는 말도 있다. 강물이 핏빛으로 물들어 물고기들이 떼죽음을 당했다거나 거인의 사체가 바닷가에 떠밀려왔다는 신비로운 이야기도 실려 있다. 아마 이런 소문이 당시 백제 사람들 사이에 퍼졌다면, "백제의 국토가 피를 흘리며 죽어가고 있다"라거나 "바다에서 백제를 지켜주던 거인 수호신이 쓰러졌고, 그 부하인 물고기들까지 함께 죽었다"라는 식의 해석이 뒤따르지 않았을까 싶다.

도대체 이런 이야기들이 어떻게 역사에 남게 되었을까? 《삼국사기》가 비교적 사실적인 내용을 담으려는 태도를 취한 역사책이라는 점을 고려하면, 아무런 근거 없이 허황된 이야기를 조작해 기록하지는 않았을 것이다. 기록 그대로의 사건이 실제로 벌어지지는 않았다고 하더라도, 적어도 당시 사람들 사이에서 그런 이야기들이 유행한 것은 사실일 것이다. 그렇다면 이런 이야기가 퍼질만한 계기가 된 사건이 정말로 있었던 것은 아닐까?

그래서 나는 660년 백제에서 실제로 어떤 일이 일어났을까, 가끔 추측하고 상상했다. 그러다 내가 환경을 전공하고 이를 공부하고 강의하는 일을 직업으로 삼게 되면서 점점 다음과 같은 이야기가 사실에 가까울 거라고 생각하게 되었다.

나는 660년 백제에 큰 기상이변이 있었을 것이라고 상상해

보았다. 폭풍우와 비바람이 심했다는 것은 날씨가 안 좋았다는 이야기고, 배가 땅 위로 올라오는 모습을 보았다는 사람들의 말도 홍수가 크게 나면서 강물이 불어 사람들이 놀랐다는 이야기일 것이다. 기상이변이 일어나면 농사가 망가지고 바다의 수온이 변해 물고기도 잘 잡히지 않게 된다. 먹고살기 위해 거의 모든 사람이 농사에 매달리던 시대에 날씨가 나빠 농사를 망친다면, 경제가 무너지고 사람들의 삶은 급격히 힘들어진다.

만약 660년 백제에서도 이런 피해를 입었는데 나라가 문제를 제대로 관리하지 못했다면 어떨까? 굶주림과 혼란이 커지는 가운데 신라 군대가 쳐들어왔을 때 지친 백성들은 막아낼 힘이 없었을지도 모른다. 이렇게 보면 기상이변과 백제의 멸망이 원인과 결과로 연결될 수 있겠다는 생각도 든다.

그렇다면 강물이 핏빛으로 물들고 물고기가 떼죽음을 당했다는 이야기도 기상이변 문제로 해석해볼 만하다. 날씨가 너무 따뜻하거나 홍수로 오염 물질이 바다에 많이 흘러들면 바다 근처에서 적조가 자주 나타난다. 적조는 붉은색의 미생물이 엄청나게 늘어나는 현상을 말하는데, 심해지면 바닷물이 온통 시뻘겋게 변할 정도가 된다. 적조에 대해 잘 알지 못했던 백제 사람들은 물이 핏빛으로 변하는 현상쯤으로 생각했을 것이다. 그렇게 보면 물고기들의 떼죽음도 자연스럽게 설명할 수 있다. 현대에도 적조가 일어나면 양식장에서 물고기들이 떼죽음당하는 일이 대표적인 피해인데, 그 당시 일 역시 적조로 인한 피해로 보인다.

바다 생태계가 그만큼 바뀌었다면, 바다에 사는 큰 동물들도 분명 영향을 받았을 것이다. 예를 들어, 바다 생태계의 파괴로 큰 고래가 죽어 바닷가에 뼈만 남은 채로 떠밀려왔다고 상상해 보자. 요즘 사람들은 고래가 어떤 동물인지 대부분 알고 있고, 동물을 연구하는 학자들은 뼈만 보고도 그게 어떤 종류의 고래인지 알 수 있다. 그렇지만 660년 백제 사람들이 고래 뼈를 보았다면 단번에 무슨 동물인지 알아보기 어려웠을 것이다. 고래는 보통 뼈 구조가 생선과 다르고, 사람이나 가축에 더 가까운 포유류의 골격을 가지고 있다. 그렇다면 그 뼈를 본 사람들 사이에 그것이 어떤 거인의 시체라는 소문이 돌았을 수도 있지 않을까?

요즘 중국 학자들 사이에서는 수당온난기가 있었다는 학설이 꾸준히 언급되고 있다. 이 학설에 따르면, 600년에서 1000년 사이 중국의 기후가 유독 따뜻했다고 한다. 그렇다면 백제가 망하던 660년은 기후가 온난하게 바뀌는 시기의 초창기에 해당한다. 요즘 우리가 지구온난화로 기후변화를 겪고 있는 것처럼 중국에서 멀지 않은 곳에 있던 백제에도 기후 재난이 닥쳤던 것이라고 생각해보면 어떨까? 물론, 어느 한 해의 날씨가 좋고 나쁘고 하는 것과 넓은 지역에서 일어나는 기후변화는 다른 문제다. 그러므로 660년 백제의 나쁜 날씨가 기후변화 때문이라고 단정해서는 안 된다. 하지만 적어도 그 시기의 기후변화와 맞아떨어지는 이야기로 보이기는 한다.

그런데 《삼국사기》의 660년 기록에는 여전히 설명하기 어려운 내용이 하나 있다. 백제의 도성 근처에 이상한 괴물이 갑자기 나타났다가 문득 사라진 사건이다. 기록에서는 그 괴물의 모습을 '들 사슴을 닮은 개'라고 묘사하고 있다. 이 괴물의 정체는 대체 무엇일까? 무엇을 보고 백제 사람들은 들 사슴을 닮은 개라고 묘사했을까? 혹시 이 괴물의 등장도 기상이변과 관련이 있을까? 날씨가 아무리 안 좋다고 해도 갑자기 사슴과 개가 섞여 괴물이 생길 일은 없다. 그렇다면 무슨 일이 벌어졌기에 이런 기록이 남게 되었을까?

나는 660년 백제 멸망의 징조 중에서 이 이야기의 정체만큼은 정말 풀어내기 어려웠다. 중학교 시절에 책을 보다가 우연히 이 이야기를 알게 되었는데, 2020년대가 다가올 때까지도 들 사슴을 닮은 개라는 괴물의 정체에 대한 마땅한 답을 떠올리지 못했다. 하지만 지금은 한 가지 그럴듯한 이야기를 생각해냈다.

판다만큼 귀한데 로드킬 1위

고라니는 한국 전역에 널리 퍼져 있는 사슴과 동물이다. 영어로는 water deer, 즉 물 사슴이라고 한다. 이름처럼 물가나 습지대 주변에서 자주 발견된다. 그렇다면 금강이 흐르는 백제의 수도, 부여 지역에도 충분히 등장할 만하다. 마침 고라니는 사슴과 동물 중에서 크기가 작은 편에 속한다. 언뜻 보면 커다란 개로 착각할 수 있을 정도다.

무엇보다 고라니는 다 자라면 입가에 두 개의 이빨이 삐죽 튀어나오는 특징이 있다. 이 모습은 옛 영화에 나오는 드라큘라와 비슷해 보이기도 한다. 그러나 고라니의 얼굴은 너무 순진해 보여서 오히려 그 모습이 귀엽고 우스꽝스럽게 느껴진다. 바깥으로 튀어나와 있는 고라니의 이빨을 한자로는 '견치犬齒'라고 부르는데, 견치는 공교롭게도 '개 이빨'이라는 뜻이다. 그렇다면 고라니를 거의 본 적 없던 백제 사람들이 우연히 고라니를 보고 이상한 괴물로 오해했을 가능성도 있다.

현재 한국에서 고라니는 흔한 동물이다. 이런 점에서 보면, 아무리 백제 사람들이라고 해도 설마 흔한 고라니를 못 알아봤을까 싶다. 사실 노루나 사슴은 사람들이 상당히 친숙하게 여긴 동물이었다. 보존과학자인 유혜선 선생은 백제 시대의 등잔 유물을 기체 크로마토그래피 기법으로 분석했는데, 등잔에 남은 기름의 지방산 성분이 사슴 고기 기름과 비슷하다는 연구 결과를 발표했다. 그러니까 백제 사람들이 등잔불을 밝힐 때 사슴 기름을 연료로 사용했을 수 있다는 이야기다. 요즘 밤에 파티를 열면 레이저 조명 기구를 빌리듯 백제 시대에는 밤 행사를 밝히기 위해 사슴 사냥꾼에게 기름을 구해와야 했을지도 모른다.

그런데 백제 시대에 사슴이나 노루와 비슷한 동물이 많았다고 하더라도 고라니만은 오히려 과거에 지금보다 더 드물었을 가능성이 충분하다는 게 내 짐작이다. 일단 고라니는 전 세계적으로 희귀한 동물에 속한다. 현재 야생 상태에서 대규모로 살고 있는 곳은 중국 일부 지역과 한국뿐이다. 그러니까 고라니가 세계 곳곳에서 흔히 볼 수 있는 동물은 아니다.

게다가 고라니라는 말이 쓰인 사례를 보면, 조선 시대까지만 해도 고라니가 정확히 어떤 동물인지 사람들 사이에 혼란이 있었음을 추측할 수 있다. 예를 들어, 조선의 어문학자 최세진이 쓴《훈몽자회》에 실린 표현을 짚어볼 만하다.

《훈몽자회》는 한자를 잘 모르는 사람을 위해 만든 일종의 한자 사전이다. 이 사전에 '포麅'라는 다소 복잡한 한자가 실려 있는데, 그 뜻을 '고라니'라고 한글로 써놓았다. 그런데 요즘 한자 사전을 찾아보면 '포'라는 글자를 흔히 '큰사슴 포'라고 소개한다. 고라니는 큰사슴은커녕 사슴과 동물 중에서는 매우 작은 편에 속하기 때문에 이러한 한자 풀이는 실제와 맞지 않다. 즉 고라니라는 동물의 이름과 표기에 혼란이 있었던 것이다. 이는 사람들이 고라니가 정확히 무엇인지 헷갈릴 정도로 이 동물에 익숙하지 않았을 가능성을 보여준다.

생물학자 원병휘 박사가 1969년에 쓴 논문을 보면, 고라니가 많다거나 흔한 동물이라고 말하지 않는다. 그보다는 고라니를 좋은 약재로 쓴다는 설명이 있다. 논문에 고라니의 수를 추정한 내용은 없지만 주로 금강산, 오대산, 설악산, 태백산 근처에서 발견된다고 나와 있다. 모두 도시에서 떨어진 깊고도 큰 산이다. 이런 내용을 보면 1960년대만 해도 지금처럼 도심에서 고라니를 흔히 볼 수 있는 상황은 아니었던 것 같다. 그렇다면 1,400년 전 백제 시대에는 고라니가 지금보다 훨씬 드물었다고 볼 수 있지 않을까? 그래서 백제 멸망을 예언하는 신기한 영물로 여겨진 것 아닐까?

21세기 한국에서 고라니 수는 엄청나게 늘어나 있는 상태다. 그러니까 고라니는 한국에만 몰려 살고 있다. 중국에 사는 고라니 수는 많아야 1만 마리 수준이다. 2019년 《KBS 뉴스》에 따르면 한 중국 당국은 관리 구역에서 고라니가 3,000마리로 늘었다는 것을 기쁜 소식으로 전했을 정도다. 중국에서 나라의 보물로 여겨지는 판다의 수가 1,800마리 정도라는 것과 비교해보면 고라니가 얼마나 희귀한 동물로 대접받고 있는지 알 수 있다. 중국에서 고라니는 판다와 견주어도 될 만큼 희귀하다.

그러나 현재 한국에서는 그 귀한 고라니가 유해조수로 취급되고 있다. 과연 고라니가 얼마나 많을까? 2018년 《중앙일보》

천권필 기자의 기사를 보면 한국에는 약 70만 마리에 이르는 고라니가 살고 있을 거라고 추정한다. 중국 땅의 100분의 1에 불과한 한국에 중국보다 70배에서 100배 많은 고라니가 산다는 이야기다. 환경부 통계에 따르면 2020년 한 해 동안 전국의 사냥꾼들이 사냥해 없앤 고라니가 21만 5,133마리라고 한다. 이는 한국을 제외한 전 세계에 사는 고라니 수의 10배가 훌쩍 넘는 엄청난 수치다. 그런데도 한국에서 고라니의 수는 크게 줄어든 것 같지 않다.

고라니가 70만 마리라는 통계가 정확한지 따지기는 어렵지만, 수십만 마리에 달하는 고라니가 전국 곳곳에서 흔하게 발견되는 것은 사실이다. 심지어 서울 강남 지역의 공원에서도 고라니가 목격될 정도다. 국립생태원 통계에 따르면, 2019년부터 2022년까지 로드킬로 죽은 야생동물 중 고라니가 가장 많은 수를 차지했다. 4만 5,424건에 달하는 고라니 로드킬은 중국에 사는 전체 고라니보다 많은 고라니가 매년 한국에서 교통사고로 사라지고 있다는 것을 의미한다.

어쩌다 한국에 고라니가 많아졌을까? 왜 유독 한국이 고라니 집합소가 되었는지 딱 잘라 말하기는 어렵다. 흔히 고라니를 잡아먹는 호랑이나 표범 같은 천적이 사라졌기 때문이라고 해석하기도 한다. 물론 중요한 이유 중 하나이긴 하겠지만, 그렇다면 같은 이유로 다른 초식동물의 수도 늘어났어야 하지 않을까? 왜 다른 나라가 아닌 한국에 이렇게까지 많은 고라니가 생겼는지에 대해서는 여전히 이유가 명확하지 않다.

또 다른 설명으로, 《국제신문》 최민정 기자는 2018년 기사에서 현대에 들어 농사를 위해 물을 확보하고 홍수 방지를 위해 강과 냇물이 정비되면서 고라니가 살기 좋은 환경이 많아졌다는 주장을 소개하기도 했다. 즉 기술 발전으로 한반도가 예전보다 농사짓기 좋은 비옥한 땅이 되고 물도 풍부해지면서 마침 그에 잘 적응한 고라니가 함께 번성하게 되었다는 뜻이다. 하지만 이런 분석이 얼마나 정확한지에 대해 공공기관에서 연구해 나온 구체적인 근거를 찾기가 쉽지 않다.

고라니를 보면 한국이 보인다

그러고 보면 고라니가 한국에서 너무 흔해져서 오히려 그 가치가 낮아진 것 같다는 생각이 든다. 보통 한국을 상징하는 동물이라고 하면 많은 사람이 호랑이를 떠올린다. 1988년 서울 올림픽의 마스코트도 호랑이였다. 그러나 정작 남한 지역에서 호랑이가 마지막으로 발견된 기록은 1920년대였고, 그 이후로 거의 100년 가까이 우리 곁에 호랑이는 없었다. 지금 호랑이는 러시아, 중국, 인도 등지에 훨씬 많이 살고 있다. 그런

면에서 한국에서 가장 번성한 고라니야말로 지금의 한국을 대표할 자격이 충분하다고 생각한다.

고라니는 초식동물답게 성격이 온순하면서도 언제나 발 빠르고 경쾌하게 뛰어다닌다. 그런 모습은 보기에도 편안하고 재미있다. 또한 험상궂은 이빨을 드러내고 있으면서도 표정은 한없이 순해 보여서 친근감과 개성이 강하게 느껴진다. 나는 중국인들이 판다를 자랑스럽게 여기는 만큼 한국인들이 고라니를 아끼지 않을 이유가 없다고 생각한다.

심지어 고라니는 성격이 급해 잡기 어려운 동물이라고 평가받기도 한다. 이 점 역시 '빨리빨리' 정신으로 유명한 한국인과 닮은꼴이 아닐까? 여름철에는 부드러운 풀과 나뭇잎을 먹고, 겨울철에 먹을 것이 떨어지면 장미와 나무의 작은 가지도 씹어 먹는 꿋꿋함이라든가, 산을 잘 돌아다니면서 물 사슴이라는 영어 이름처럼 물가도 좋아하는 특성 역시 어떻게든 적응하고 변화하며 살아남는 한국이라는 나라에 걸맞는다.

더 나아가 상상해보면, 고구려와 백제 역사에서도 고라니와 관련된 이야기를 찾을 수 있다. 고구려를 세운 주몽 이야기는 널리 알려져 있다. 적들이 쫓아오자 주몽이 강물을 건너게 해주기 위해 물속의 동물들이 모여 주몽만 디딜 수 있는 다리를 만들어준 뒤에 흩어졌다는 이야기는 그 자체로 재미있고 전설다운 매력이 있다. 먼 나라에서 탈출한 고귀한 신분의 영웅이 새로운 나라를 세운다는 영웅 서사시로서도 꽤 괜찮다.

주몽 이야기를 가장 자세히 다룬 기록인 고려 문신 이규보가 쓴《동명왕편》에는 주몽이 고구려를 건국한 다음의 일이 조금 더 실려 있다. 이 이야기는 황당하기도 하고 교훈적이지도 않아 잘 알려지지 않았다. 그렇지만 그만큼 괴상해서 눈에 띄기도 한다.

주몽이 고구려를 건국하기 전까지 고구려 주변을 지배하던 세력가로 송양이라는 인물이 있었다. 주몽 입장에서 송양은 무척 껄끄러웠을 것이다. 그래서《동명왕편》에는 주몽이 송양과 어떻게 대결했는지에 대한 내용이 실려 있다.

그런데 주몽이 송양을 몰아내는 방식이 매우 괴상하다. 주몽은 우연히 흰 사슴을 잡았다고 한다. 주몽은 왜인지 이 사슴이 신비로운 힘을 지녔다고 생각해 사슴을 매단 채로 괴롭히면서 사슴에게 홍수를 일으켜 송양을 망하게 해달라고 말한다. 그러자 사슴의 울음소리가 하늘에 닿았고, 실제로 많은 비가 내려 송양이 망하게 된다. 도대체 주몽은 왜 갑자기 그 사슴을 신비롭게 생각했을까? 그리고 왜 하필 홍수를 일으킬 수 있는 힘을 지녔을 거라고 여겼을까?

나는《동명왕편》에서 이 사슴을 '궤麂'라는 한자로 표기한 대목이 눈에 띄었다. 보통 사슴을 뜻하는 한자로는 '녹鹿'이 가장 흔하고, 노루를 표현할 때는 '장獐' 같은 쉬운 글자도 많이 쓴다. 그런데 왜 굳이 '궤' 같은 낯선 글자를 썼을까? 무엇인가 특별한 사슴이라는 의미가 아닐까?

그런데 요즘 궤는 고라니를 뜻하는 말로 쓰이기도 한다. 단국대학교에서 편찬한 《한국한자어사전》에서도 궤자麂子라는 말이 고라니를 의미한다고 풀이한다.

그렇다면 주몽이 발견했던 것은 혹시 고라니가 아니었을까? 《동명왕편》에는 궤가 큰사슴을 가리킨다는 설명이 나오기도 한다. 하지만 과거에는 고라니가 사슴과 헷갈리게 표현되기도 했으니, 단순한 혼동일 가능성도 있다. 마침 주몽이 이 사슴을 매달아놓았던 곳이 해원蟹原이라고 나오는데, 해원은 게의 언덕이라는 뜻이므로 아마도 물가에 있던 장소일 것이다. 그렇다면 이 역시 물가를 좋아하는 고라니의 습성과 잘 들어맞는 느낌이 아닌가?

어디까지나 넘겨짚어보는 상상이지만, 주몽이 우연히 물가에서 고라니를 보았다고 생각해보자. 활을 잘 쏘는 것으로 유명한 주몽은 원래 동물 사냥에 뛰어났다. 웬만한 산짐승에 대해서는 잘 알았을 것이다. 하지만 주몽의 고향은 부여였으니 한반도에서 북쪽으로 꽤 떨어진 곳이다. 그렇다면 한반도에서 더 흔한 고라니를 주몽이 잘 몰랐을 수도 있다.

만약 주몽이 고구려를 건국하면서 한반도 근처에 온 후 우연히 고라니를 발견했다면 "저런 사슴도 있나?" 하고 신비롭게 여겼을 것이다. 더군다나 사슴 사냥을 많이 해본 주몽 입장에서는 보통 산속에서 머무는 사슴과 다르게 물가를 친근하게 드나드는 고라니가 강물의 요정처럼 보였을 수 있다. 게다가 그 고라니가 흰색이었다면 더욱 그럴듯해진다. 먼 옛날에는 흰 동물을 길조로 여기는 경우가 많았기 때문이다. 주몽이 희귀한 흰색 고라니를 보고, 이것이 강물과 이어진 신령한 사슴이며 홍수를 일으킬 힘이 있다고 믿었다면 《동명왕편》의 이야기도 어느 정도 말이 되어 보인다.

고라니는 특이하고 기괴한 울음소리로도 유명하다. 주몽과 그의 주변 사람들이 우연히 고라니의 울음소리를 들었다면 "그 이상한 사슴 소리가 하늘에 닿아서 홍수가 있어났다"라는 식의 전설이 생길만하지 않을까?

주몽이 세운 고구려라는 나라 이름이 나중에 변해서 고려가 되었고, 그 이름이 현재 코리아Korea라는 발음으로 세계에 알려져 한국을 일컫는 단어로 쓰이고 있다. 만약 주몽 전설과 고라니를 연결해볼 수 있다면, 고라니는 한국 역사의 뿌리와도 깊이 엮여 있는 동물이라고 말할 수 있겠다.

우리는 고라니를 모른다

그렇다고 모든 고라니를 철저히 보호해야 한다는 주장을 받아들이기는 어렵다. 고라니 수가 폭발적으로 불어나면서 고라니가 농작물을 뜯어 먹는 피해만 해도 무척 크기 때문이다. 게다가 수가 많은 야생동물이 걷잡을 수 없이 늘어나면 생태계에 어떤 영향을 줄지 모른다. 소위 빙하기 이후로 한반도에서 이토록 많은 고라니가 살았던 적은 없었을 것이다.

그래서 나는 고라니 수를 조절해야 한다는 주장도 현실적으로 받아들여야 한다고 생각한다. 도시에서 사무직으로 일하며 먹고사는 사람이, 그저 고라니가 불쌍해 보인다는 이유로 농사를 망쳐 생계를 위협받는 농민의 고민을 무시하는 것은 위험하다고 본다.

이렇다 보니 세계적으로 희귀종인 고라니가 한국에서는 유해조수로 지정되어 매년 정부 방침에 따라 대량으로 사냥당하는 일이 벌어지고 있다. 국제자연보전연맹IUCN의 적색 목록에서는 사자, 표범, 아프리카코끼리, 판다 등과 함께 고라니를 취약vulnerable 등급으로 분류하고 있다. 적색 목록이란 세계 생물종의 멸종 위기 정도를 평가한 목록을 말한다. 목록에 따르면 1~9등급으로 나뉘는데 고라니는 5등급에 속하는 것이다. 국제자연보전연맹 입장에서 보면, 한국은 마치 온 나라가 적색 목록에 들어간 동물을 상대로 합법적인 대규모 사냥을 벌이는 나라처럼 보일 것이다. 엉뚱한 소리이긴 하지만, 이렇게 삶에 비정한 면이 있다는 것도 한국의 상징 동물답다는 생각이 든다.

이 모든 복잡한 상황을 고려해볼 때, 나는 지금 고라니에게 가장 필요한 것은 더 많은 과학 연구라고 생각한다. 고라니는 한국에서 흔한 만큼 최근 관련 연구도 여러 가지 진행되었다. 그러나 나는 우리가 고라니와 그 주변 생태계에 대해 충분히 알고 있다고 자신하기에는 여전히 연구에 대한 투자가 부족하다고 느낀다.

고라니 수가 이렇게 많고 그중 허무하게 목숨을 잃는 고라니가 많은데도 막상 고라니를 연구하려고 하면 의외로 어려움이 많다. 기본 자료가 부족하고, 살아 있는 고라니를 접하는 것도 생각만큼 쉽지 않다. 펭귄이나 코알라 같은 외국의 희귀 동물에 대한 생생한 다큐멘터리는 풍부하지만, 고라니가 어떻게 사는지에 대한 자료를 한국에서 그렇게 쉽게 찾을 수 있을까? 돌아보면 우리는 결코 고라니의 삶을 잘 안다고 할 수 없다.

단적으로 말하면, 전국에서 고라니를 기르는 동물원이 몇 곳이나 될까? 코끼리나 사자는 희귀한 동물이라고 하더라도 웬만한 동물원에서 쉽게 볼 수 있지만, 세계적으로 귀하면서도 한국에서만 흔한 고라니를 보기란 쉽지 않다. 중국 동물원에서 판다를 보기 어렵다면 얼마나 답답할까? 호주 동물원에서 캥

거루를 보기 어렵다면 얼마나 의아할까?

동물원은 단순히 동물을 전시하는 곳이 아니라 생태에 대한 연구와 보존의 기회를 주는 곳이기에 더 큰 가치를 갖는다. 그런 점에서 한국의 동물원이 고라니 같은 토종 동물에 더 많은 관심을 기울인다면 의미 있는 일이 될 것이다. 특히 한국에서는 부상당한 고라니나 야생에서 살아갈 수 없는 고라니가 자주 발견되므로, 우선 이들을 보호하고 돌볼 시설을 만드는 것도 좋은 방향이라고 생각한다.

다행히 국립생태원에는 고라니들을 위한 공간이 마련되어 있다. 재미있게도 국립생태원은 충청남도 서천, 옛 백제 땅에 자리하고 있다. '들사슴을 닮은 개'가 나타났다는 전설이 있는 그 땅에, 마침 고라니들이 편히 머물며 사람들이 그들의 삶을 가까이에서 이해할 수 있게 되었다는 점이 신기하다.

이런 다양한 노력과 더 많은 투자가 이루어져 우리가 고라니의 삶을 더 깊이 이해하고, 고라니가 왜 유독 한국에 이렇게 많아졌는지 밝혀낸다면 그만큼 한반도의 생태계를 더 잘 알게 될 거라고 생각한다. 그때가 되면 고라니 수를 조절하는 일도 더욱 정교하게 해낼 수 있을 것이다. 어느 지역에서 고라니를 얼마나 사냥해야 하는지, 농민들의 피해를 줄이려면 어떤 방식으로 고라니를 쫓아내거나 관리하는 것이 가장 효과적인지 더 정확하게 판단할 수 있을 것이다.

기후변화에 대비하는 방법

지금 고라니가 많아 보인다고 무턱대고 수를 줄이는 데만 집중한다면, 어느 순간 고라니가 희귀해지는 날이 올지도 모른다. 조선 시대만 해도 호랑이가 사람을 해치는 일이 커다란 위협이어서 호랑이의 피해를 일컫는 '호환虎患'이라는 말까지 널리 쓰였다. 하지만 막상 호랑이가 줄어들기 시작하자 단숨에 전국에서 멸종되었다.

한국의 환경부 산하 기관에서 고라니가 SFTS 바이러스를 보유하고 있는지 분석한 연구가 진행된 적이 있다. SFTS 바이러스는 진드기의 몸속에 들어 있는데, 진드기는 고라니 같은 동물의 몸에 붙어 이동하면서 피를 빨아 먹는다. 만약 이런 진드기가 우연히 사람을 물면 사람도 SFTS 바이러스에 감염될 수 있다. SFTS는 중증열성혈소판감소증후군이라고도 부르며, 사람에게 발병하면 마땅한 치료법이 없어서 심하면 고열에 시달리다가 목숨을 잃는 일도 생긴다. 가끔 언론에서 '살인 진드기'라는 표현과 함께 보도되는 이 병은 21세기 들어 생겨났으며, 주로 중국과 한국에서 나타나고 있어 다른 나라에서는 연구가 많이 이루어지지 못한 상태다.

과거에는 진드기가 옮기는 병이라고 하면 쯔쯔가무시증이 가장 유명했다. 사실 지금도 한국은 쯔쯔가무시증 환자가 대단히 많은 나라 중 하나다. 매년 약 5,000명이 이 병에 걸리지만, 환자가 한국과 중국 등 일부 국가에서만 나오기 때문에 국제적으로 주목을 끌지 못한다. 국내에서도 주로 산지나 농촌 지역에서 발생해 도시에서는 크게 관심을 받지 못하는 병이다.

다행히 쯔쯔가무시증은 세균이 옮기는 병이라 항생제로 어렵지 않게 치료할 수 있다. 대표적인 치료제인 테트라사이클린 같은 항생제를 사용하면 세균이 늘어나는 것을 효과적으로 막을 수 있다. 덕분에 쯔쯔가무시증으로 고생하는 사람은 많아도 목숨을 잃는 사람은 드물다.

하지만 SFTS는 세균이 아닌 바이러스가 옮기는 병이다. 바이러스는 생명체가 아니기 때문에 세균을 죽이는 항생제로 죽을 수 없다. 이것이 바로 SFTS의 치료가 어려운 첫 번째 이유다. 한국에서는 2013년에서 2023년까지 매년 평균 약 190명의 환자가 발생했다고 보고되었고, 그중 16.7%가 목숨을 잃었다.

앞으로 기후변화가 더 진행되면 한반도의 기후는 여름이 더 길어질 가능성이 크다. 그렇게 되면 진드기 같은 벌레들의 활동이 길어지고, 더 왕성해질 것이다. 따라서 기후변화 시대에 진드기와 관련된 질병 피해는 점점 심각해질 수 있다. 유럽이나 미국의 기후변화 홍보 영상을 보면 북극곰이 살 곳을 잃는 장면이 많이 나오지만, 한국에서는 기후변화가 일어나면 감염병 문제가 더 심각해질 수 있다.

그런 이유에서 우리는 기후변화 시대에 SFTS 같은 질병이 야생에서 어떻게 퍼져나가고, 얼마나 더 위험해질지 알아내기 위해 더 많은 연구를 해야 한다. 이런 연구는 북극곰 보호처럼 선진국에서 한국 대신 해줄 수 있는 일이 아니다. 환경부 발표를 보면 조사한 196마리의 고라니 중 5마리에서 SFTS 바이러스가 발견되었다고 한다. 대략 3%의 고라니가 SFTS에 피해를 받고 있다고 추정할 수 있다. 고라니는 우리나라에서 가장 대표적인 야생동물이므로 이 수가 어떻게 변할지, 그리고 어느 지역에서 언제 고라니들이 SFTS 피해를 입을지 연구하는 것은 야생동물뿐만 아니라 한국인의 건강을 지키기 위해서도 중요한 일이다.

660년 백제에서 등장한 '들 사슴을 닮은 개'가 정말 고라니를 가리킨 것이라면, 그 시기에 고라니가 모습을 드러낸 이유도 떠올려볼 수 있다. 날씨가 나빠지면 단순히 농사만 어려워지는 게 아니다. 산과 들의 풀과 나무도 제대로 자라지 못하면서 동물들이 먹을 수 있는 열매나 식물도 부족해진다. 결국 먹이를 찾아 평소 가보지 않던 곳까지 내려오는 동물들이 생기게 마련이다. 그렇다면 660년 백제에서 고라니가 등장한 것도 기상이변으로 생태계가 변하면서 먹이를 찾아 사람 사는 곳까지 내려왔기 때문이라고 생각해볼 수 있지 않을까?

1,400년 전 실제로 어떤 일이 있었는지는 이제 영영 알 수

없다. 하지만 기후변화로 끊임없이 변화하는 생태계를 면밀히 이해하기 위해 지금 고라니에 대한 연구가 절실해졌다는 것 정도는 알 수 있다.

2장

멧돼지 × 경상남도

사람과 가장 닮은
야생의 지배자

신라 전설 속 황금멧돼지

최치원은 통일신라를 대표하는 작가이자 한국 역사상 글재주로 가장 많은 칭송을 받은 인물이다. 최치원의 흔적은 지금도 전국 각지에 남아 있다. 부산의 대표 관광지인 해운대는 최치원의 호인 해운海雲을 따서 지은 이름이다. 최치원이 속세를 떠나 경상남도 하동 쌍계사에 머물며 도를 닦았다는 이야기나 경상남도 거창과 합천 지역의 가야산 깊은 산골로 들어가 신선이 되었다는 전설도 전해진다. 이런 이야기는 오랜 세월 동안 꾸준히 사람들에게 인기가 있었던 듯하다. 《조선왕조실록》 1785년 음력 3월 12일 기록에는 통일신라 시대 최치원이 산속에서 공부를 할 때, 그를 찾아온 사슴 한 마리와 곰 한 마리에게 가르침을 전하면서 이들이 신선이 되었다는 이야기를 믿었던 문양해라는 사람이 등장한다. 심지어 이 신선들이 세상에 나타났다는 소문이 퍼졌다는 내용도 같이 실려 있다.

최치원이 이렇게 신비로운 인물로 여겨진 만큼 그의 출생에 관한 전설도 상당히 유명하다. 16세기에 활동한 조선의 문신 유몽인의 시에도 최치원의 출생 비밀이 짧게 언급되는 것을 보면 이미 500년 전에 널리 퍼졌던 이야기로 보인다. 이 전설은 사실《최문헌전》,《최고운전》등으로 불리는 고전 소설에 자세히 묘사되어 있다.

이야기에 따르면, 최치원의 아버지는 수도에서 꽤 떨어진 어느 지역을 다스리라는 명을 받고 그곳으로 향했다. 그런데 그 지역은 한 가지 섬뜩한 소문으로 악명이 높았다. 그곳에 부임한 관리들의 부인이 매번 실종되는 사건이 생겼기 때문이다. 당연히 최치원의 아버지도 불안했을 것이다. 그래서 그는 도착한 후 부인의 몸에 가느다란 실 한 가닥을 묶어둔다. 혹시 부인이 어디론가 납치되더라도 실이 풀려나가는 방향을 따라가면 부인을 찾을 수 있을 거라고 생각한 것이다.

걱정했던 대로 어느 날 밤, 부인은 사라지고 만다. 다행히도 실은 그대로 이어져 있었다. 최치원의 아버지는 곧장 실을 따라 부인을 찾아 나선다. 마침내 어느 산속 깊은 곳에 있는 바위

뒤로 실이 들어가 있는 것을 발견한다. 그는 도대체 사람이 어떻게 바위 뒤로 들어갔는지 의아해하며 바위를 살펴보다가 놀라운 사실을 알아챈다. 알고 보니 그 바위는 그냥 바위가 아니었다. 일종의 비밀 문으로, 뒤편에 숨겨진 통로가 있었다.

그 길을 따라 바위 안으로 들어가 보니 널따란 공간이 나왔다. 마치 비밀 요새나 지하 궁전처럼 보였다. 그곳에는 주인을 중심으로 주변에 많은 미인이 앉아 있었다. 아마도 그들은 이곳으로 납치되어 온 사람들이었을 것이다. 무엇보다 놀라운 것은 요새의 주인이었다. 그토록 찾아 헤매던 부인이 그 좋은 자리에 앉아 있었는데, 부인의 다리를 베고 황금멧돼지가 아주 편안하게 잠들어 있었다고 한다.

사람처럼 행동하며 아름다운 사람을 납치해 간 황금멧돼지는 과연 어떤 괴물이었을까? 유몽인의 시에서는 이 황금멧돼지를 '금저金猪'라고 표현했다. 이 말은 털이 금색인 멧돼지를 뜻할 수도 있고, 온몸이 황금으로 되어 있는 멧돼지를 뜻할 수도 있다. 금金이라는 글자에는 쇠라는 뜻이 있으므로 어쩌면 온몸이 쇳덩어리로 되어 있는 멧돼지를 의미할지도 모른다. 상상력을 발휘해보면, 황금이나 다른 금속으로 만든 멧돼지 동상이 살아 움직이는 괴물이 되었다고 해도 그럴듯하다. 아니면 쇳덩어리로 된 로봇 돼지 같은 괴물이었을까?

최치원의 아버지는 고생 끝에 황금멧돼지를 처치하고 부인을 구출해 집으로 돌아온다. 그리고 얼마 지나지 않아 부인이 임신한 사실을 알게 된다. 그렇게 태어난 자식이 바로 최치원인데, 그는 최치원이 자기 자식이 아니라 황금멧돼지 자식일 수도 있다고 의심해 최치원을 기르지 않으려고 한다. 그때 하늘에서 선녀가 내려와 아기 최치원에게 젖을 먹였다는 더욱 환상적인 이야기가 이어진다.

왜 최치원에 관한 이런 이야기가 널리 알려졌을까? 가장 쉽게 떠올릴 만한 이유로는 최치원이 주로 활동하던 경상북도 경주와 지금의 경상남도 여러 지역에 원래 황금멧돼지에 관한 전설이 있었는데, 그것이 최치원이라는 유명한 인물의 이야기와 합쳐지면서 인기를 끌었을 거라는 상상이다.

멧돼지와 가축 돼지는 같은 종일까?

생각해보면 멧돼지는 비교적 흔하게 볼 수 있는 야생동물 중에서 단연 덩치가 크고 힘이 세다. 괴물 이야기의 주인공으로 손색이 없다. 특히 중국 동북부부터 한반도에까지 퍼져 있는 멧돼지 품종은 세계적으로 몸집이 큰 편에 속한다. 그러니 한국에서는 더욱 거대한 멧돼지에 관한 전설이 탄생하기 쉽다. 그리고 귀한 물질의 상징으로 여겨지던 황금이 어떤 식으로든 멧돼지 괴물 이야기에 들러붙었다고 생각해보면 황금멧돼지 전설이 생겨날 만하다.

최치원은 천재로 명망이 높았지만, 임금인 진성여왕에게 '시무 10여 조'라는 사회 개혁 정책을 건의했을 때 무시당하고 실패했다는 사실도 유명하다. 요즘도 우리나라 곳곳에 재능 있는 인물이 많지만 인재를 제대로 키울 제도가 부족해 그 재능을 제대로 꽃피우지 못한다는 이야기가 자주 나온다. 그렇게 보면 최치원은 나라에서 가치를 제대로 알아주지 않은 천재로는 가장 선두에 있는 인물이다. 최치원의 억울한 삶에 초점을 맞춘다면, 태어날 때부터 부모에게조차 버림받은 운명이었다는 걸 강조하기 위해 황금멧돼지 이야기를 퍼뜨린 것처럼 보이기도 한다.

관점을 바꿔 과학적으로 따져보면, 멧돼지가 실제로 사람과 비슷한 점이 많은 동물이라는 사실을 꼭 짚어보고 싶다. 나는 이것이 전설의 주인공이 황금호랑이나 황금사슴이 아닌, 하필 황금멧돼지였던 중요한 이유라고 생각한다.

많은 학자들이 멧돼지와 가축 돼지를 서로 다른 종species으로 구분하지 않고, 하나의 종으로 묶어 분류한다. 그래서 둘 다 수스 스크로파*Sus scrofa*라는 하나의 학명으로 불린다.

언뜻 생각하면 사납게 날뛰고 긴 털이 수북한 멧돼지와 온순하고 털도 별로 없는 가축 돼지가 어떻게 같은 종이냐고 의

심할 수도 있다. 그러나 멧돼짓과에 속하는 여러 종에서 아프리카에 사는 혹멧돼지나 강멧돼지와 비교해보면 멧돼지와 가축 돼지는 서로 다른 점보다 닮은 점이 훨씬 많다. 사냥개인 그레이하운드와 조그만 치와와가 모두 개라는 하나의 종에 속하는 것과 같은 관계다. 조금 엉뚱한 비유를 해보자면, 덩치가 크고 물에서 자유롭게 헤엄치는 사람도 있고, 키가 작고 수영을 전혀 못하는 사람도 있지만 모두가 사람이라는 하나의 종인 것과 같은 이치다.

생물학에서 종을 구분할 때 널리 사용되는 기준 중 하나는 서로 어울려 살며 자연스럽게 대를 이을 수 있는가이다. 새끼를 낳을 수 있다면 같은 종이고, 그럴 수 없다면 다른 종으로 따진다는 것이다. 미국의 동물학자 에른스트 마이어 등의 학자들이 내세운 생물 분류법이다. 이렇게 따져보면 멧돼지와 가축 돼지는 같은 종이라는 결론이 나온다.

실제로 가축 돼지와 멧돼지는 어울려 살 수 있고, 그 사이에서 태어난 새끼도 자손을 낳을 수 있다. 하지만 가축 돼지와 혹멧돼지는 다르다. 이 둘은 생김새가 비슷해 보여도 완전히 다른 종이기 때문에 설령 새끼가 태어난다 해도 그 자손이 대를 잇는 일은 생기지 않는다. 하지만 멧돼지와 가축 돼지 사이에서는 돼지 자손이 태어나고 대를 이어 번성하는 일도 벌어진다.

요즘 한국에는 멧돼지 고기를 파는 식당들이 가끔 있는데,

이런 곳에서 사용하는 멧돼지는 사실 멧돼지와 가축 돼지 사이에서 태어난 돼지인 경우가 많다. 이렇게 태어난 돼지는 멧돼지 같은 성질을 가지면서 가축 돼지처럼 다루기에 까다롭지 않아 농가에서 기르기 더 편하기 때문이다. 예를 들어 2007년 경상국립대학교 동물소재공학과 진상근 교수가 돼지고기의 육질을 비교한 논문을 발표했는데, 연구 대상이 된 멧돼지는 수컷 멧돼지와 암컷 가축 돼지 사이에서 태어나 농장에서 길러진 것이었다. 요즘에는 에른스트 마이어 시대의 종 분류법이 완전하지는 않다고 평가되고 있지만, 멧돼지와 가축 돼지가 서로 가까운 동물이라는 것을 설명하는 근거로는 충분해 보인다.

원숭이보다 더 사람 같은 동물

멧돼지든 가축 돼지든, 돼지는 사람처럼 잡식 동물이다. 풀만 먹는 초식동물이나 고기만 먹는 육식동물과는 달리 식물과 동물 모두를 먹고 살 수 있다. 그래서 음식을 먹고 소화하고 활용하는 방식이나 음식 속 영양분을 살과 피로 바꾸는 과정에서도 사람과 돼지 사이에 닮은 점이 많을 것이라고 짐작해볼 수 있다.

물론 사람이 먹지 못하는 잡초도 돼지는 아주 잘 먹는다. 그래서 돼지는 산과 들에서 스스로 먹이를 구하는 능력이 훨씬 뛰어나다. 보통 사료만 먹는 가축 돼지를 떠올리면 쉽게 상상하기 어렵지만, 가축 돼지조차도 막상 들판에 풀어놓으면 쑥을 비롯한 온갖 풀을 잘 뜯어 먹는다. 심지어 도토리 같은 나무 열매도 잘 씹어 먹고, 땅을 파헤치는 습성 덕분에 흙 속에 사는 벌레도 잘 찾아 먹는다.

돼지가 잡식성이라 고기도 잘 먹고 채소도 잘 먹는다고 해서, 치킨과 맥주를 마시며 늘어져 있는 게으른 모습을 떠올린다면 사실과는 거리가 있다. 돼지가 잘 먹는다는 말은 잡초와 벌레 같은 것도 먹으며 스스로 살아남을 수 있다는 뜻이기 때문이다. 오히려 겸손하고 강인한 모습에 가깝다. 반대로 생각해보면, 무엇이든 잘 먹고 땅을 잘 파헤치는 습성 때문에 멧돼지가 논밭에 내려오면 농작물을 마구 헤집어놓아 큰 피해를 준다는 점에서 고민거리가 되기도 한다.

사람과 멧돼지의 닮은 점은 몸 내부를 들여다보면 더 뚜렷하게 드러난다. 사람이 큰 병에 걸려 몸속 장기를 쓸 수 없게 되면 장기 이식 수술을 받을 일이 생긴다. 보통은 사람의 장기를 이식받지만, 사람 장기를 구하기란 쉽지 않다. 그래서 항상 장기 이식을 기다리는 환자는 많고 이식할 장기는 부족하다. 이런 이유로 과학자들은 사람 대신 동물의 장기를 이용할 수 있는 방법을 꾸준히 연구해왔다. 이때 가장 많은 연구가 이루어진 동물이 바로 돼지다.

언뜻 보면 사람과 원숭이가 더 비슷하다고 생각하기 쉽다. 하지만 고릴라 같은 일부를 제외하면 대부분의 유인원은 체구가 작아서 장기 크기부터 사람과는 큰 차이가 난다. 또 고릴라 같은 큰 동물은 기르기 어렵고 수도 적어 연구에 활용하기 매우 어렵다. 반면에 돼지는 적당한 환경에서 키우면 사람만 한 크기까지 자랄 수 있다. 무엇보다 돼지는 수천 년 동안 사람에게 길러져왔기 때문에 구하기도 쉽고 키우기도 쉬운 동물이다. 한 번에 열 마리씩 새끼를 낳는 것이 보통이어서 수를 늘리기에도 좋다.

또 하나, 장기 이식에 관해 동물 연구를 하려면 그 동물의 건강 상태를 잘 알아야 한다는 면에서도 돼지는 장점이 있다. 돼지는 친숙한 가축인 덕분에 언제 건강 상태가 정상이고 언제 아픈지, 어떤 병에 걸리고 어떻게 치료하는지가 상당히 잘 밝혀진 동물이다.

《조선일보》 유지한 기자의 2023년 기사에 따르면 돼지의 심장은 사람 심장의 94% 정도 크기로 모양도 상당히 비슷하다. 이 외에 각막, 신장, 췌장의 핵심 부위인 췌도 등도 겉모습만 보면 사람 장기와 매우 닮아 보인다고 한다. 이런 조건 덕분에 세계의 많은 과학자들이 돼지의 장기를 사람에게 이식해 생명을 구하는 연구를 이어왔다. 그 결과 돼지의 심장이나 신장을 사람에게 이식한 뒤 오랜 시간 동안 정상적으로 작동하는 사례가 최근에 반복적으로 보도되었다. 국내에서도 관련 연구가 있었다. 2017년 건국대학교병원 윤익진 교수 연구팀은 돼지의 각막을 원숭이 눈에 이식하는 실험을 진행했고, 그 결과 원숭이는 200일 이상 앞을 잘 볼 수 있었다.

좀 더 현실적으로 실험이 진전된 사례로는 2017년 서울대학교병원 김기범 교수 연구팀의 연구가 있다. 이들은 심장병 환자를 치료하기 위해 돼지의 심장을 활용했다. 특히 심장에서 혈액이 역류하지 않게 막아주는 역할을 하는 판막을 이식하는 임상실험을 진행했는데, 실험 결과는 성공적이었다.

보기에 따라서 돼지는 먹을 것만 밝히는 하찮은 동물로 여겨지는데, 사실을 알고 보면 지금 이 순간에도 돼지의 심장이 사람의 목숨을 구하고 있다. 마침 심장이라는 말에서 '심心'은 마음을 뜻하는 한자이고, 영어 단어 'heart'도 심장이면서 동시에 마음이라는 뜻이 있다. 이렇게 생각해보면 사람과 과학적으로 가장 마음이 통하는 동물은 돼지라고 해도 과장은 아닐 것이다.

더 따져보면, 돼지는 두뇌가 꽤 발달한 동물이기도 하다. 원숭이도 두뇌가 발달한 동물로 알려져 있지만 대표적인 실험 대상인 필리핀원숭이의 뇌 무게는 평균 80g 정도다. 그에 비해 돼지의 뇌 무게는 130g이 넘는 경우가 흔하다. 단순히 뇌 무게만 따져도 돼지의 뇌는 흔한 원숭이들보다 더 크다.

물론 뇌가 크다고 해서 그만큼 똑똑하다고 단정할 수는 없다. 130g이라고 해봐야 사람 뇌가 1kg이 훌쩍 넘는 것에 비하면 한참 작기도 하다. 그렇지만 돼지를 키우는 사람들 사이에서는 돼지가 주인을 알아보는 영리한 동물이라는 이야기가 널리 퍼져 있다. 사냥꾼들 사이에서도 멧돼지는 똑똑해서 한번 수법을 간파하면 잘 피해 다닌다는 속설이 돌 정도다. 2019년 그레고리 심칙Gregory Simchick이라는 미국의 물리학자는 돼지의 뇌를 기능별로 분석해보면 구조가 사람의 뇌와 비슷해서, 사람의 뇌를 이해하기 위해서라도 돼지의 뇌 연구가 중요하다는 의견을 논문을 통해 제안하기도 했다.

돼지를 기르는 농가에서는 암컷 돼지가 새끼를 잘 임신하지 못할 때 밝은 빛을 쪼여주는 방법이 종종 사용된다. 이런 기술은 돼지의 머리 안쪽, 두 눈 사이 이마 중앙에 있는 송과선이라는 기관과 관련이 있다. 송과선은 빛을 감지하는 기능을 하는데, 사람에게도 있다. 다시 말해 사람 역시 두 눈 사이 이마 부위에서 나름대로 빛을 느낀다는 뜻이다.

송과선이라고 하면 말이 어려운데 '송과松果'는 사실 소나무 열매, 즉 솔방울이라는 뜻이다. 송과선은 솔방울 모양을 닮았다고 해서 붙은 이름이다. 요즘에는 송과선을 솔방울샘이라고 부르기도 한다. 재미있게도 진짜 식물처럼 이 기관이 받는 빛의 양에 따라 돼지나 사람의 활동 전체가 달라질 가능성이 있다.

어디까지나 상상일 뿐이지만, 수억 년 전으로 거슬러 올라가 보자. 그때는 아직 사람도 돼지도 없었고, 둘의 조상일지도 모를 이상하고 낯선 어떤 동물이 있었을 것이다. 어쩌면 그 동물은 오징어나 문어, 해파리처럼 물속을 떠다녔을지도 모른다. 그 먼 옛날의 조상 동물은 눈과 비슷하게 빛을 감지하는 기관이 여럿 있었을 것 같다. 긴 세월 진화를 거치는 동안 그중 두 개는 바깥세상을 보기 좋게 진화해 지금의 두 눈이 되었고, 다른 하나는 점점 사용되지 않다가 머리 깊숙한 곳에 자리 잡은 송과선으로 변해 빛을 아주 희미하게 감지하는 기능만 하게 된 거라고 생각해보면 어떨까?

마침 전설 중에 도를 열심히 닦으면 이마 한가운데에 제3의 눈이 열린다는 이야기도 있다. 영화나 만화에서도 가끔 그 같은 장면이 나올 때가 있다. 이때 이마의 눈은 보통 사람은 볼 수 없는 마법과 진실의 세계를 비추는 힘을 지닌 것으로 묘사되고는 한다.

물론 송과선은 신비한 무언가를 보는 기관이 아니다. 대신 멜라토닌melatonin이라는 호르몬을 만들어내는 데 관여한다. 멜라토닌은 특히 어두운 환경에 오래 있을수록 잘 생성된다. 멜라토닌의 가장 잘 알려진 기능은 사람이 잠을 잘 자도록 돕는 것이다. 밤이 깊어지고 빛이 사라지면 송과선은 이를 감지해 멜라토닌을 분비하게 한다. 그리고 멜라토닌이 작용하면 자연스럽게 졸음이 오고 푹 자게 된다. 요즘은 멜라토닌을 약으로 만들어 불면증에 시달리는 사람에게 의사가 처방해주기도 한다.

그렇다면 이런 추측도 가능하다. 멜라토닌이 너무 부족하면 밤에 쉽게 잠들지 못하고 온갖 고민에 시달리는 밤이 계속될 것이다. 반대로 멜라토닌이 지나치게 많아지면 잠잘 시간이 아닌데 맥이 빠지고 몽롱한 상태가 된다. 빛을 받아야 할 때 충분히 받지 못하거나, 빛을 받지 말아야 할 시간에 불을 켜놓고 밤새 깨어 있으면 이런 문제들이 생길 수 있다. 나아가 가을이 되면 갑자기 쓸쓸해지고, 봄에는 이유 없이 들뜨는 것도 계절에 따라 낮과 밤의 길이가 달라지면서 멜라토닌 같은 호르몬의 분비가 달라지기 때문이라고 의심해볼 수 있다.

송과선과 멜라토닌의 기능은 아직까지도 밝혀지지 않은 부분이 많기에 모든 것을 쉽게 단정할 수는 없다. 하지만 스웨덴 생물학자 호칸 안데르센Håkan Andersson 같은 학자는 돼지가 밤과 낮을 얼마나 느끼느냐에 따라 멜라토닌이 분비되는 양이 달라진다는 사실을 밝혀냈다. 그 외에 돼지 몸속에서 멜라토닌이 적절한 수준으로 유지되어야만 돼지가 건강하게 활동할 수 있다는 연구 결과도 발표한 바 있다.

그렇다면 돼지에게 빛을 쬐여 건강한 활동을 이끌어낸다는 것도 과학적으로 꽤 일리 있어 보인다. 마치 사람이 햇빛을 충분히 쬐고 살아야 쾌활해진다는 말과도 비슷한 이야기다.

멧돼지는 사람처럼 무리 생활을 하기도 한다. 우리에 갇혀 자라는 가축 돼지를 떠올리면 상상하기 어려운 모습이지만, 같은 돼지도 풀어놓고 자유롭게 살게 하면 무리를 지어 함께 다니는 모습을 보인다. 예를 들어 한 마리가 움직이면 전체가 따라서 움직인다거나, 한 마리가 경계하기 시작하면 모두 같은 방향을 바라보며 경계하는 모습을 볼 수 있다.

신문 기사에 나오는 멧돼지 소식은 대부분 멧돼지 한 마리가 엉뚱한 곳에 나타났다는 내용이다. 그렇다 보니 멧돼지를 혼자 돌아다니는 맹수로 오해하기 쉽지만 꼭 그렇지는 않다. 실제로 살펴보면 멧돼지의 습성은 들판을 무리 지어 다니는 양이나 들소와 닮았다. 풀을 뜯어 먹는 모습도 그렇고 조심성이 있고 겁이 많아 작은 변화에도 떼 지어 도망치는 모습을 보이는 점도 비슷하다.

멧돼지 무리는 보통 암컷이 새끼들을 데리고 다니며, 예닐곱에서 열 마리 정도로 이루어진다. 어미 멧돼지가 여러 마리 뭉치면 수십 마리가 넘는 큰 무리가 되기도 한다. 그런데 수컷 멧돼지는 다 자라난 후 무리에서 떨어져나와 혼자 다니는 일도 나타난다. 이런 걸 보면 사람이 무리를 이루며 살면서도 가끔은 자기만의 장소에서 혼자만의 시간을 보내고 싶어하는 것과 비슷하다는 생각이 든다.

산속의 숨은 강자

현재 멧돼지는 한반도 야생 생태계에서 가장 강한 동물로 군림하며 번성하고 있다. 보기에 따라서는 한국의 도시와 들판은 사람이 차지했다면, 산은 멧돼지가 차지했다고 해도 될 정도다. 멧돼지와 맞먹을 만큼 덩치가 큰 야생동물이라면 그나마 반달곰이 있는데, 전국에 남아 있는 반달곰은 100마리도 되지 않는다. 그에 비해 멧돼지는 2016년 《MBC 뉴스》 보도에 따르면 환경부 추산으로 약 30만 마리에 달했다. 정말 엄청난 수다.

아프리카돼지열병ASF으로 멧돼지 수를 줄이는 정책이 시작되기 이전인 2010년대 초반까지만 해도 멧돼지가 가장 많이 출몰한 지역은 경상남도였다. 2011년 환경부 자료를 보면 경남 지역은 3년 연속 멧돼지 밀도가 전국에서 가장 높았고, 농작물 피해 금액도 전국 평균의 세 배가 넘었다. 경상남도에는 사람이 많이 사는 창원, 김해 같은 도시가 있는데도 멧돼지가 이렇게나 많았다.

멧돼지가 반달곰보다 많다고 해서 반달곰보다 몸집이 작거나 약하지도 않다. 베르그만의 법칙Bergmann's rule에 따르면, 같은 종이나 가까운 종의 동물들은 추운 지역에 살수록 몸집이 크고, 따뜻한 지역에 살수록 몸집이 작다고 한다. 덩치가 클수록 드러나 있는 피부의 넓이에 비해 몸속의 부피가 더 커지기 때문에 열이 잘 빠져나가지 않아 추운 곳에서도 체온을 유지하기 쉬운 것이다. 이는 과학과 공학 분야에서 널리 다뤄지는 겉면 넓이 대 부피의 비율 문제로도 볼 수 있다.

베르그만의 법칙을 적용해보면, 한반도 멧돼지는 다른 여러 나라의 멧돼지들 중에서도 덩치가 큰 편에 속할 거라고 짐작할 수 있다. 그래야 한반도의 혹독한 겨울을 나기에 유리하기 때문이다. 실제로 한국 반달곰의 무게는 약 100~150kg인데, 멧돼지는 200kg이 넘는 것들도 꽤 흔하게 발견된다.

그 정도로 덩치가 크면 더운 날씨에는 몸속의 지방과 근육에서 생기는 열을 바깥으로 내뿜기 어렵다. 다행히 사람은 땀을 잘 흘릴 수 있어서 열을 식힐 수 있다. 땀을 흘린 뒤에 바람이 불면 시원하거나 춥게 느낀 적이 있을 것이다. 땀이 마르면서 주변의 열기를 식히기 때문이다. 화학에서는 '증발 때문에 기화열이 빠져나간다'고 설명하는 현상이다. 그런데 돼지는 땀샘이 부족해서 원래 땀을 잘 흘릴 수 없다. 그렇기에 진흙탕에서 뒹굴며 목욕하는 습성이 있다. 진흙이 몸에 붙으면 물처럼 쉽게 마르지 않아 열기를 오랫동안 식혀주기 때문이다.

사람들은 방이 어질러져 있으면 '돼지우리 같다'고 말하고는 한다. 이것은 돼지가 진흙 목욕을 좋아하기 때문에 생긴 편견일 것이다. 사실 돼지는 진흙 목욕을 할 때만 아니면 매우 깨끗하게 지내는 동물이다. 에어컨과 선풍기로 여름을 나는 사람이 진흙으로 더위를 버티는 돼지를 더럽다고 여겨 "돼지우리 같다"라는 말을 쓰면 돼지에게 실례가 아닐까?

멧돼지처럼 큰 동물이 한반도의 생태계가 혹독하게 변화한 긴 세월 동안 끈질기게 살아남았다는 점을 돌아보면, 멧돼지는 정말 대단한 동물이라는 생각이 든다. 삼국 시대 말기 이후 생태계는 빠르게 바뀌었고 많은 동물들이 멸종 위기에 빠져들었다. 위엄 넘치는 모습으로 산신령의 친구 대접을 받던 호랑이는 자취를 감췄고, 영리한 깍쟁이 동물을 대표하던 여우도 이제는 찾아보기 어려울 정도다. 그러나 멧돼지는 풀이든 도토리든 가리지 않고 먹고 사는 뛰어난 적응력과 새끼를 여럿 거느려 번성하는 강한 생명력으로 21세기 야생에서 누구도 넘볼 수 없는 튼튼한 위치를 차지하고 있다.

오늘날 한국에서 가축으로 기르는 대부분의 돼지는 요크셔나 버크셔 돼지처럼 영국 등 외국 품종을 들여와 사육하는 것이므로 한국 멧돼지와는 큰 관련이 없다. 조선 시대 이전부터 기르던 재래 돼지인 토종 돼지도 한국 멧돼지와는 별개의 품종이라는 것이 널리 알려진 학설이다.

한때 한국 토종 돼지 품종조차 거의 사라질 뻔한 시기도 있었다. 현대에 들어서면서 한국 농가들이 대부분 해외에서 들여온 품종이나 그 잡종만을 길렀기 때문이다. 그러자 얼마 되지 않아 토종 돼지를 찾아보기 어려워졌다. 농가들이 왜 그랬는지는 정확히 알 수 없다. 가만 보면, 한국의 옛 문화 중에서도 평범한 사람들의 먹고사는 문제에 관한 자료는 기록되거나 보존되지 못한 경우가 참 많다. 나는 이런 점이 늘 안타깝다.

그러다가 1988년 당국에서 가까스로 충청북도와 제주도에서 재래 돼지 9마리를 구해 품종을 보존하면서 한국 재래 돼지에 대한 연구를 본격적으로 진행할 수 있게 되었다. 그런데 연구한 내용을 보면, 한국 재래 돼지와 한국 멧돼지의 관계는 그다지 가깝지 않아 보인다. 즉 조선 시대, 고려 시대, 삼국 시대에 키우던 한국 돼지들은 한국의 멧돼지를 잡아 길들인 것이 아니라, 누군가 외국에서 들여온 낯선 돼지가 고대 한국인들 사이에 퍼지면서 자리 잡은 품종일 수 있다는 뜻이다.

마침 2,000여 년 전 북쪽에 있던 한국인의 나라 중 하나인 부여에서는, 높은 지위의 사람들에게 마가馬加, 구가狗加, 저가猪加 등 가축 이름이 들어간 칭호를 붙였다고 전해진다. 여기서 '저가'는 돼지를 뜻한다. 이렇게 보면 부여 사람들은 가축을 굉장히 중요하게 여긴 것 같다.

이야기를 한번 꾸며보자면, 먼 옛날 좋은 돼지를 기르는 것을 아주 중요하게 생각했던 어떤 부여 사람이 있었다고 해보자. 그는 주변 여러 나라의 돼지들 중에서 좋은 품종을 찾기 위해 온갖 노력을 기울였다. 그러다가 덩치는 작고 튼튼해서 누구나 쉽게 키울 수 있는 품종 하나를 들여와 기르기 시작했다.

한국 멧돼지가 덩치가 크고 흥분하면 쉽게 날뛰는 성질을 가진 것과는 반대였기에 농가에서 관리하기에도 훨씬 좋았다. 그러다 그 돼지 품종이 인기를 끌면서 고구려로 퍼지고, 이후 백제와 신라에까지 전해져 결국 한국 재래 돼지가 되었다. 이렇게 상상해보면 어떨까?

너무 많아서 문제?

요즘 멧돼지가 너무 많아 문제가 되는 지역들이 세계 곳곳에서 나타나고 있다. 한국에서도 멧돼지 때문에 농작물이 피해를 입거나 민가에 멧돼지가 출몰해 사람들이 놀라거나 다치는 일이 적지 않다. 그나마 한반도에서는 수천 년, 수만 년 전부터 멧돼지가 살았기에 낯선 동물은 아니다. 하지만 멧돼지가 아예 없던 지역에 나타나면 문제가 심각해진다. 무엇이든 잘 먹어 치우는 습성 때문에 식물들이 급격히 줄어들고, 그 결과 식물을 먹고 살아야 하는 동물들까지 피해를 입으면서 생태계가 완전히 뒤집히는 일이 벌어지기 때문이다. 이런 일이 잦아지면 그 지역의 동물들이 멸종할 수도 있다.

대표적인 사례가 미국이다. 과거 북아메리카 대륙에는 아시아나 유럽과 달리 멧돼지든 가축 돼지든 돼지라는 동물 자체가 살지 않았다. 고대부터 멧돼지와 함께 살아온 한국과는 달리, 아파치나 코만치 같은 민족이 지금의 미국 땅을 지배하며 살던 시절에는 그 넓은 땅에 돼지가 전혀 없었다는 이야기다.

1492년 콜럼버스가 아메리카에 도착하고 유럽 사람들이 건너오면서 돼지와 멧돼지를 함께 들여왔고, 점차 산과 숲으로 퍼지게 되었다. 그로부터 몇백 년이 흘러 지금은 미국과 캐나다의 온갖 지역에 수많은 멧돼지가 살고 있다. 할리우드 서부영화를 보면 '서부개척 시대'라는 말이 자주 나오는데, 야생의 관점에서 보면 지난 300년에서 400년 동안의 아메리카는 '멧돼지 정복 시대'라고 부를만하다. 그 결과, 요즘 미국의 옥수수 농장 등에서는 멧돼지가 입히는 피해가 막대하고, 사냥으로 없애는 멧돼지 수도 무척 많다. 얼마 전에는 미국에서 헬리콥터를 타고 멧돼지를 사냥하는 것이 관광 상품으로 판매되어 화제가 되기도 했다.

뛰어난 적응력 덕분에 적수가 없어 보이던 멧돼지였지만, 2020년대에 접어들면서 아프리카돼지열병이라는 감염병 때문에 한국 멧돼지는 큰 위협을 받게 되었다.

아프리카돼지열병은 돼지와 비슷한 동물만 걸리는 병으로 사람에게는 아무런 피해를 입히지 않는다. 이 병이 유행한다고 해서 삼겹살이나 순대를 먹는 것을 걱정할 이유는 없다. 하지만 돼지나 멧돼지가 이 병에 걸리면 갑자기 고통스러워하며 며칠이나 몇 주 안에 죽고 만다. 전염 속도도 빠르고 다양한 경로로 멀리까지 퍼질 수 있다. 한번 퍼지기 시작하면 그 나라에서 돼지를 기르는 사람들이 줄줄이 망할 정도로 큰 타격을 입기 쉽다.

아프리카돼지열병은 그 이름에서 알 수 있듯 아프리카에 사는 혹멧돼지에게서 처음 발견되었다. 그런데 혹멧돼지는 감염된다고 해도 큰 탈 없이 살아남아서, 아프리카에서는 아프리카돼지열병이 유행해도 별 문제가 안 되는 경우가 많다. 하지만 이 병이 다른 지역의 돼지에게 번지면 피해가 어마어마하게 커진다.

스페인과 포르투갈에서는 1960년대에 이 병이 퍼져 돼지를 키우는 농가가 거의 30년 동안 고생했고, 2007년 조지아를 시작으로 유럽에 다시 퍼지면서 동유럽에서도 큰 피해를 입었다. 그러다 2018년 중국, 2019년 한국에서도 아프리카돼지열병이 발견되면서 큰 걱정거리가 되었다.

멧돼지는 산과 숲을 자유롭게 돌아다니기 때문에 아프리카돼지열병을 퍼뜨리는 역할을 할 수 있다. 그래서 병이 발생하면 정부는 멧돼지 수를 줄이기 위해 대규모 사냥 사업을 벌이곤 한다. 예를 들어 2018년 프랑스는 50만 마리, 독일은 83만 마리라는 막대한 수의 멧돼지를 죽여 없앴다. 2020년 한국 강원도에서도 아프리카돼지열병이 퍼지는 것을 막기 위해 멧돼지를 무제한으로 사냥하는 정책을 추진했다.

이 과정에서 혼란도 있었다. 수십 년 동안 야생동물의 자유로운 이동을 돕기 위해 많은 돈을 들여 생태 통로 같은 시설을 만들었는데, 아프리카돼지열병이 발생하자 멧돼지의 이동을 막겠다며 긴 울타리를 놓은 것이다. 이에 대해 동물들의 이동을 막아 생태계에 악영향을 준다는 의견도 있었고, 반대로 급히 설치한 울타리가 부실해 멧돼지를 막기 어렵다는 지적도 나왔다.

돼지를 기르는 농가에 대해서도 정부는 외부와의 접촉을 최대한 줄이도록 규제한다. 한국에는 돼지 운동장이라고 해서 돼지가 밖에서 뛰놀 수 있는 공간을 마련하거나 넓은 들판에 나와 지내게 하는 농장들이 있다. 그런데 아프리카돼지열병이 퍼지면 이런 농장들은 일정 수준에서 규제 대상이 된다. 정부가 돼지들이 햇빛을 볼 수 없는 닫힌 건물 안에서만 지내게 하는 규정을 만든다면 농민들은 원래 사용하던 시설을 고쳐야 한다. 이런 규제가 심해지면 농장은 도산할 위험에 처한다.

지금까지 사례를 보면, 아프리카돼지열병은 한번 발생하면 쉽게 사라지지 않는다. 잠잠해졌다가 다시 번지기도 하고, 감염병을 막기 위해 투입된 사냥꾼 몸에 바이러스가 묻으면서 멀리까지 병이 퍼지는 일도 생겨 방역이 쉽지 않다. 2024년, 한국 정부는 아프리카돼지열병 차폐 실험동을 지어 본격적인 연구에 들어갔고, 전 세계적으로도 아프리카돼지열병의 뿌리를 뽑기 위한 백신 개발이 이루어지고 있다.

이 모든 노력이 언제 좋은 소식으로 돌아올지는 아직 알 수 없다. 이번에도 멧돼지는 한반도 야생의 지배자다운 면모로 감염병의 위기를 극복하고 살아남을 수 있을까? 생존을 위한 멧돼지들의 싸움에 백신을 개발하고 방역 방법을 개선하려는 사람들의 노력이 큰 도움이 되기를 바란다.

3장

여우 × 경상북도

미움받고, 사라지고, 이제는 소중해진

사람을 홀리는 '나쁜' 짐승

한국 전설 속 괴물 가운데 대표를 꼽으라면 많은 사람이 도깨비를 떠올릴 것이다. 도깨비 전설 중에서도 몇몇 학자가 가장 오래되었다고 지목하는 이야기가 있다. 바로 비형랑과 길달이라는 신라 사람들에 대한 설화다.

두 사람은 지금으로부터 약 1,400년 전 지금의 경상북도 경주 지역이었던 신라의 수도에 살았다. 설화 속에서 비형랑은 도화녀라는 미인과 세상을 떠난 진지왕의 혼령 사이에서 태어난 아들이었다. 아버지가 유령이었기 때문인지 비형랑은 이상한 술법을 부리는 괴이한 인물이었다고 한다.

특히 비형랑은 수많은 귀신을 불러 모아 대장 행세를 했다. 《삼국유사》는 한문으로 기록된 책이라 비형랑이 이끄는 이상한 귀신 떼거리를 '귀鬼'라는 한 글자로 표현하고 있다. 그런데 요즘 몇몇 학자들은 이 귀신 무리를 한글로 표현할 수 있었다면 '도깨비'라고 쓰지 않았을까 추측한다. 비형랑의 출생을 떠올리면 정확히 귀신도, 사람도 아니다. 그런데 도깨비 역시 사람도, 귀신도, 그렇다고 동물은 더욱 아니라는 특유의 애매함에서 비형랑과 통하는 부분이 있다. 이들이 떼를 지어 다녔다는 점도 우리에게 친숙한 도깨비 이야기와 닮아 보인다.

비형랑은 신라의 임금이 다리를 건설하라는 명령을 내리자 귀신 떼거리와 함께 하루 만에 다리를 만들었다. 신라 사람들은 귀신이 만들었다는 의미에서 그 다리를 귀교鬼橋라고 불렀다고 한다. 이 이야기는 전국 각지의 도깨비 다리 전설과 무척 비슷하다. 도깨비 다리나 도깨비 방죽 전설은 옛날에 도깨비가 하루 만에 다리나 둑을 만들어주었다는 내용인데, 귀교 이야기와 핵심이 같다.

조선 시대의 지리서인 《동국여지승람》에는 비형랑 설화 뒤에 왜인지 나무 귀신이나 나무를 깎아 만든 신상을 숭배하는 이야기가 함께 수록되어 있다. 이 부분도 나무로 만든 물건이 오랜 세월 뒤에 도깨비가 된다는 요즘 속설과 통하는 느낌이다.

그런데 이보다 더 이상한 이야기가 비형랑 설화 말미에 이어진다. 귀신 떼거리 가운데 나랏일을 맡길만한 귀신을 추천해 달라는 요청을 받은 비형랑은 길달이라는 귀신을 지목한다. 길달은 한동안 일을 잘하나 싶더니 여우로 변신해 도망쳤다고 한다. 만약 길달이 정말 도깨비였다면, 아무래도 도깨비답게 여기저기에서 장난을 치며 나타났다 사라졌다 하면서 살고 싶었을 것이다. 그런데 나랏일을 해야 한답시고 불들려와서는 공무원처럼 일만 하다 보니 도저히 못 견디겠어서 도망쳐버린 게 아닐까 싶다.

그런데 그 소식을 들은 비형랑은 길달을 붙잡아 처치했다고 한다. 여우로 변신한 게 그렇게 큰 죄란 말인가? 귀신들이 자신의 말을 따르지 않고 반항하는 것을 용서할 수 없었던 걸까? 비형랑은 다른 귀신들에게 겁을 주기 위해 일부러 길달에게 심한 벌을 내린 것 같기도 하다.

이렇게 보면 비형랑 이야기는 한국 괴물 전설 중에서도 도깨비와 여우가 동시에 등장하는 보기 드문 전설이다. 여우는 잠깐 등장하지만, 여우 전설에서 가장 흔히 나오는 변신 이야기를 담고 있어 강한 인상을 남긴다.

여우가 사람의 모습으로 변신해 사람을 홀린다는 이야기는 한국 전설에서 뿌리가 깊다. 《삼국사기》 〈온달 열전〉에도 여우를 나쁜 짐승으로 바라보는 시선이 드러난다. 온달은 처음 평강공주를 만났을 때, 평강공주 같은 사람이 자신을 찾아와 친근하게 대할 리 없다고 여겼다. 기록에 따르면 온달은 "이것은 분명 여우가 나를 홀리려는 것이다"라고 말하고는 도망쳤다고 한다.

이런 기록을 보면, 온달이 살던 고구려 시대에도 여우가 변신해 사람을 홀린다는 이야기가 꽤 퍼져 있었던 것 같다. 학식이 많거나 술법에 밝은 전문가가 아닌, 가난하고 평범한 사람인 온달도 여우의 변신 이야기를 알고 있었다. 《삼국사기》는 온달이 살던 시대에서 몇백 년 뒤에 편찬된 책이기에 온달이 정말 그런 말을 했는지는 모른다. 하지만 적어도 아주 오래전부터 여우의 변신 이야기는 한국 사람들 사이에서 상식처럼 알려져 있었다고 짐작해볼 수는 있다.

여우를 사악한 괴물 취급하는 삼국 시대의 전설은 여럿 더 있다. 그중 하나로 경상북도 경주를 배경으로 한 선덕여왕 전설이 있다. 《삼국유사》에 실려 있는 이야기에 따르면 선덕여왕이 병에 걸려 이를 치료하기 위해 혜통이라는 사람이 찾아와 경전을 읽었다. 그러자 혜통이 들고 다니던 지팡이가 저절로 날아가더니 병의 원인이었던 괴물을 때려 물리쳤다. 이때 괴물의 정체가 바로 여우였다고 한다. 이 전설에서 여우는 본래 모습을 숨기고 사람에게 깃들어 병을 일으키는 괴물인 것이다.

조선 시대에 들어서면 사람을 유혹하고 해를 끼치는 여우에 대한 기록이 눈에 띄게 늘어난다. 여우에 빗대어 부르는 것만으로 욕이 될 정도로 여우 이야기는 널리 퍼지고 다양해졌다. 예를 들어, 17세기 조선의 유명한 정치인이자 학자인 김육은 〈노호老狐〉라는 시를 남겼다. 이 시에서 그는 자기 집 남쪽 깊은 산골에 예로부터 사람을 홀리는 여우가 산다는 이야기가 전해져 내려온다고 적었다. 여우는 아름다운 얼굴에 화려한 옷차림과 장신구까지 갖춘 모습으로 변신해 사람을 홀리는데, 그렇게 변한 여우를 쫓느라 젊은이들이 밤새도록 산속을 헤맨다는 것이다.

도대체 이런 전설은 왜 생겨났고 왜 이렇게 오랜 세월 이어져온 것일까? 18세기 조선의 작가 이옥이 쓴 《백운필》을 읽다 보면 그가 여우를 얼마나 증오했는지 잘 드러난다. 이옥은 여우를 두고 "한 마리를 보면 한 마리를 처치하고, 천 마리를 보면 천 마리를 모두 처치해야 한다. 보는 대로 없애고 싶은 것이 오직 여우다"라고까지 이야기했다.

옛사람들이 여우의 몸 자체를 저주받은 더러운 것으로 여겼던 것 같지는 않다. 한국에서 여우 가죽은 고대부터 옷이나 목도리를 만들기 위해 거래하던 인기 상품이었다. 《삼국사기》에는 신라 경덕왕 때 대영랑이라는 사람이 흰 여우를 바쳐 높은 벼슬을 받았다는 기록이 있다. 이 역시 흰 여우 가죽을 특히 귀하게 여겼기 때문일 것이다.

그런 만큼 여우는 털이 곱고 빛깔이 아름다운 동물로 평가받았다. 여우를 보고 있으면 강아지와 닮은 점이 많다. 그래서 정을 붙이면 사람에게 호감을 살만한 동물처럼 보이기도 한다. 덩치가 큰 늑대에 비해 여우는 집에서 흔히 기르는 강아지만 하거나 그보다도 조금 작아서 무서워 보이지 않는다는 장점도 있다.

여우는 왜 미움받을까?

그런데 옛 한국인들은 왜 그토록 여우를 미워했을까? 가장 먼저, 여우 특유의 울음소리가 미움을 샀을 가능성이 있다. 여우의 울음소리 중에 사람이 킬킬거리며 웃는 소리와 비슷한 떨리는 소리가 있다. 이것을 '킬킬거리는 소리' 혹은 '캐클링cackling'이라고 부른다.

러시아의 동물학자 알렉세이 안드레이체프Alexey Andreychev는 여우의 킬킬거리는 소리가 평균 500Hz에서 2,500Hz 높이라고 밝혔다. 사람의 말소리가 보통 100Hz에서 250Hz 정도인 것을 감안하면 여우의 울음소리는 훨씬 높게 들릴 수 있다. 이 때문에 듣는 사람에 따라서는 그 소리가 날카롭고 신경질적인 웃음소리처럼 느껴질 수 있다.

여우가 평소에 이런 소리를 낸다는 것을 알고 들으면 그렇게까지 이상하게 느껴지지는 않는다. 유튜브에 'laughing fox'라고 검색하면 여우가 즐거워하며 이런 소리를 내는 영상을 볼 수 있다. 이런 영상에서 여우는 오히려 밝고 활기차 보인다.

그러나 녹음된 여우 목소리를 듣거나 여우 모습이 담긴 영상을 볼 수 없었던 옛사람들이 아무것도 모른 채 혼자 산길을 걷다가 킬킬거리는 소리를 들었다고 상상해보자. 그러면 섬뜩한 귀신 소리로 착각할 수도 있지 않았을까? 더군다나 여우는 울음소리를 더 길게 내기도 하는데, 꼭 여성의 높은 비명 소리처럼 들리기도 한다. 알고 들으면 늑대 울음소리와 비슷한데, 목소리가 좀 더 높고 가늘게 느껴지는 정도다. 하지만 여우인 걸 모르고 들으면 원한 맺힌 귀신 소리처럼 느껴질 만하다.

요즘이야 산길을 걷다가 이런 소리를 듣는다면 스마트폰으로 녹음할 수 있다. 녹음 파일을 인터넷에 올리면 여우에 대해 잘 아는 사람이 '이건 여우가 흔히 내는 소리다'라고 댓글을 달 수 있고, 귀신을 들먹이는 일도 없을 것이다. 그러나 내가 듣고 본 것을 남에게 전달할 기술이 없던 삼국 시대, 고려 시대, 조선 시대 사람이라면 어땠을까? "귀신 소리를 들었다"라고 할 것이다. 이후 그 산길 근처에서 누군가 여우를 본다면 "귀신의 정체는 여우다"라는 소문이 자연스럽게 퍼져나갔을 만하다.

국립공원관리공단 종복원기술원의 이화진 연구원이 발표한

2014년 논문을 보면, 한국 여우는 오후 5시 무렵 활동을 시작해 다음 날 새벽까지 움직이는 야행성 동물이다. 사람이 귀신 소리와 같은 이상한 소리를 들었다면 대부분 밤이었다는 뜻이다. 어두운 산을 혼자 걷던 사람이 여우 소리를 들었다면 겁에 질리기 더욱 쉬웠을 것이다. 그런 만큼 여우가 밤에 귀신으로 변신해 울고 웃으며 사람을 홀리려 한다는 이야기도 그럴듯하게 퍼져나가지 않았을까?

여기에 더해 여우가 갯과 동물 중에서 영리한 편이라는 점 역시 여우를 꾀 많고 요망한 동물로 생각하게 했을 수 있다. 게다가 여우는 대부분의 갯과 동물과 다르게 눈동자가 고양이처럼 세로로 가느다란 모양이라 어쩐지 요사스럽고 사악한 인상을 주었을지 모른다.

고양이 눈동자는 밝을 때는 가늘어지다가 어두우면 두꺼워진다. 여우도 마찬가지다. 눈동자가 좌우로 커졌다 작아졌다 하면 눈에 들어오는 빛의 양을 효과적으로 조절할 수 있다. 사람이나 개는 눈동자가 둥글어 빛을 세밀하게 조절하기 어렵다. 그에 비해 고양이나 여우는 밤낮을 가리지 않고 빠르게 적응해 사물을 분별하기에 유리하다. 덕분에 사냥도 잘하고 적을 피하는 데도 능숙하다.

사람이 보기에 따라 개를 닮은 몸에 고양이 눈을 한 여우가 이상하게 느껴지기도 한다. 사람은 낯선 것을 보면 일단 나쁘게 생각하는 경향이 있기 때문이다. 그래서 동물로서는 효율적인 여우의 눈도 마치 악마의 눈빛처럼 불길하게 느낄 수 있다.

이 모든 것에 더해, 옛 한국인들이 여우를 사악한 동물로 여긴 결정적인 이유가 있다. 바로 여우가 음식을 한 번에 다 먹지 않고 땅에 묻어두었다가 나중에 파헤쳐 먹는 습성이 있다는 점이다.

땅에 물건을 묻고 다시 파내는 습성은 강아지에게서도 볼 수 있다. 갯과 동물인 여우가 같은 습성을 보이는 것은 이상하지 않다. 다만 여우는 이런 행동을 훨씬 자주, 많이 한다. 그렇다고 해서 큰 문제가 될까? 현대 사회라면 별 문제가 되지 않을 것이다. 그러나 조선 시대에는 큰 문제가 된다. 여우가 무덤을 파헤친다는 소문이 돌았기 때문이다. 당시에는 사람이 사는 곳 근처에 무덤을 만드는 일이 흔해서 무덤과 여우가 사는 곳이 겹치기 쉬웠다.

여우는 곰이나 호랑이처럼 깊은 산속에서 사는 경우가 많지 않다. 여우가 살기에 적합한 장소를 연구한 이화진 연구원의 2012년 논문에 따르면, 여우는 해발 300m에서 600m 사이에 사는 것을 선호한다. 이 말은 여우가 지리산 꼭대기보다는 도봉산 산기슭 정도의 높이에서 사는 동물이라는 뜻이다. 그렇다면 산 아래에 마을을 이루고 살던 조선 시대 사람들도 조상의 무덤을 비슷한 곳에 만들었을 테니, 여우가 무덤 근처에 나타날 가능성은 충분해 보인다.

통일신라 시대 후기부터 한국인들은 풍수지리를 매우 중시했다. 고려 시대를 거쳐 조선 시대에 이르면 조상의 무덤을 좋은 곳에 두고 잘 관리하는 일에 거의 목숨을 걸었다. 조선 시대의 기록을 보면, 좋은 자리에 무덤을 마련하려다 거대한 소송으로 번지거나 가문 간의 싸움으로 이어진 사례도 쉽게 찾아볼 수 있다. 그중에서도 청송 심씨와 파평 윤씨 집안이 무덤 자리를 두고 무려 400년 동안 다툰 일은 특히 유명하다.

그 정도로 소중하게 여기는 조상의 무덤을 여우가 파헤치는 모습을 본다면, 마치 여우가 저승에 있는 조상을 괴롭히는 악귀처럼 여겨졌을 것이다. 여우 입장에서는 여느 때처럼 땅에 묻어둔 먹이를 다시 파먹는 행동일 뿐이지만, 그것이 무덤 근처라면 사람들은 전혀 다르게 해석하게 된다.《백운필》에서 이옥은 호랑이와 표범 같은 맹수는 살아 있는 사람을 공격하지만, 여우는 이미 세상을 떠난 사람을 공격하므로 더 사악하다고 썼다.

이상하리만치 빠르게 멸종되다

이러한 이유로 여우는 사랑받지 못한 동물이었다. 여우는 한

때 무척 흔했지만 1960년대에서 1970년대까지, 고작 20년 만에 수가 급격히 줄어들었다. 그사이에 여우를 걱정하는 사람은 드물었다. 여우가 한국에서는 별로 귀여움을 받지 못했기 때문일 것이다. 1980년에 들어서자 불과 한 세대 전까지만 해도 눈에 띄면 재수 없다고 여기던 여우를 전국 어디에서도 찾아볼 수 없는 상황으로 돌변했다.

여우는 어쩌다 급격히 사라졌을까? 여우만큼 빠르게, 눈에 띄게 사라진 동물은 많지 않다. 여우는 곰이나 호랑이처럼 넓은 영역을 차지해야 하는 동물도 아니고, 사람들이 집중적으로 사냥하는 동물이라고 보기도 어렵다. 단순히 개발 때문에 줄어들었다고 보기에도 설명이 충분하지 않다.

여우는 민가가 웬만큼 발달해도 주변에서 곧잘 살아남는 동물이다. 그런데 이상하게도 한국에서는 불과 십수 년 사이에 여우가 조금 줄어든 정도가 아니라 거의 멸종에 가까울 만큼 사라져버렸다. 20세기 말에 와서는 비무장지대DMZ를 제외하고 남한 지역에서 살아 있는 여우를 명확히 발견한 사례를 찾기 어려워졌다.

이것은 굉장히 이상한 현상이다. 여우는 세계적으로 흔한 동물이다. 한국에서 살던 여우는 정확하게는 붉은여우red fox라고 하며 학명은 불페스 불페스*Vulpes vulpes*이다. 이 종은 아시아와 유럽 전 지역에 걸쳐 살고 있다. 그만큼 영리한 습성 덕분에 사람 곁에서도 잘 적응해 번성하는 동물이다.

실제로 영국 런던에서는 여우가 길고양이처럼 시내 곳곳에 출몰해 골칫거리가 될 정도다. 호주에는 원래 여우가 살지 않았지만 외부에서 들여온 여우의 수가 늘어나면서 다른 동물들을 잡아먹어 멸종시킬까 우려해 학자들이 연구를 하고 있을 정도다.

이렇게 세계 곳곳에서 잘 살아가는 여우가 한국에서는 이상하리만치 빠르게 사라졌다. 고라니와는 정반대 상황이다. 세계 어디서도 찾아보기 힘든 고라니가 한국에는 넘쳐날 정도로 많은데, 세계 어디서나 쉽게 볼 수 있는 여우는 한국에서 찾아보기 어려울 정도다.

도대체 무슨 일이 벌어진 것일까? 여러 학자들이 지목하는 여우 전멸의 원인은 간접 중독이다. 여우를 없애기 위해 사람이 직접 독을 풀지는 않았지만, 다른 경로로 퍼진 독약이 생각보다 널리 영향을 미쳐 수많은 여우가 몰살당했다는 뜻이다.

1960년대에서 1970년대 동안 한국에서는 쥐 박멸 정책이 대대적으로 추진되었다. 쥐가 농산물을 갉아 먹는 피해를 줄이고 위생 수준을 높이기 위해 필요한 일이었다. 그러나 그 과정에서 막대한 양의 쥐약이 무분별하게 살포되었다. 쥐약을 먹은 쥐들이 산으로 가자 여우가 그 쥐들을 잡아먹었다.

여우는 잡식 동물이라서 나무 열매도 먹지만 가장 잘 잡아

먹는 것은 조그마한 동물들이다. “여우야, 여우야”라고 노래를 부르며 노는 놀이 가사에 여우가 개구리를 반찬으로 먹는다는 내용이 나오는데, 실제로 여우의 먹이를 조사해보면 그 정도 크기의 동물을 잡아먹는 사례가 흔하다.

쥐약을 먹은 쥐를 여우가 잡아먹으면 결국 여우도 그 독성에 중독된다. 그 결과, 애초 쥐약을 뿌릴 때 목표로 삼지 않았던 여우까지 대규모로 목숨을 잃게 되었다. 이러한 현상은 여러 자료에서 한국 여우 소멸의 원인으로 반복해서 지적되고 있다.

보통 여우 같은 야생동물이 갑자기 크게 줄어들었을 때, 그 원인을 기업의 탐욕이나 무분별한 산림 개발, 혹은 누군가의 불법 활동 때문이라고 설명하는 경우가 많다. 그러나 그런 이유만으로 자연 환경이 파괴되는 것은 아니다. 오히려 정부가 좋은 일이라며 추진한 정책이나 공공정책에서 무심코 간과한 부분이 뜻하지 않게 환경 파괴를 불러오는 일은 생각보다 자주 일어난다. 특히 자연 환경을 연구하기 위한 과학기술에 충분한 투자가 이루어지지 못해서 자연에 관심을 갖지 않고 방치하게 될 때, 이런 어이없는 일이 벌어지기 쉽다.

여우 복원 프로젝트

2000년대 중반 이후, 한국 정부는 조선 시대까지만 해도 별 가치 없는 동물로 여겨지던 여우를 복원하기 위한 사업을 시작했다. 여기서 여우 복원이란 과거 한국의 여우와 가장 비슷한 품종으로 추정되는 러시아 여우 등을 수입해 국내에서 기르고 새끼를 낳게 한 뒤 수가 늘어나면 한두 마리씩 산에 풀어놓는 작업을 뜻한다. 그렇게 여우들이 다시 한반도의 생태계에 적응하고 자리 잡아 퍼져나가기를 기대하는 것이다.

이런 일을 하는 이유가 단지 여우를 다시 보는 것이 반가울 것 같아서만은 아니다. 현재 한국의 산에는 고라니, 멧돼지 등 몇몇 야생동물이 지나치게 많다. 청설모 같은 동물의 수도 적지 않아 보인다. 문제는 이들을 잡아먹어 그 수를 조절할 천적이 거의 없다는 것이다. 생존 조건이 조금만 좋아져도 고라니와 멧돼지의 수는 끝도 없이 불어난다. 그러면 고라니와 멧돼지가 농가로 내려와 농작물을 뜯어 먹는 피해도 늘어날 수밖에 없다. 이런 피해는 이미 심각하다.

게다가 고라니나 멧돼지처럼 특정 동물만 산에 지나치게 늘어나면, 다른 동물과 식물이 살아가기 힘들어지는 생태계의 불균형 문제가 매우 커진다. 고라니가 너무 많아서 온갖 식물을 마구 먹어 치운다면, 그 식물을 먹고 살아야 하는 토끼나 곤충

같은 다른 생물들이 먹을 것이 없어져 전멸하게 된다. 곤충이 줄어들면 곤충을 먹고 살아야 하는 새들도 살아가기 어려워진다. 이렇게 피해는 걷잡을 수 없이 커질 수 있다. 새들의 수가 급격히 줄어들면, 그 새들에게 잡아먹히던 해충들이 엄청나게 번성해 사람이 크게 피해를 입는 상황까지 벌어질 수 있다.

이러한 우려 속에서 한국의 과학자들은 고라니나 멧돼지 같은 동물 수를 자연스럽게 조절할 수 있도록 이들의 천적을 다시 산에 살게 하는 데 큰 관심을 두고 있다. 각 지역에서는 매년 많은 돈을 들여 사냥꾼을 끌어들이고 있다. 예를 들어, 2017년 경상북도 포항 북구청에서는 고라니 한 마리를 사냥하면 상금으로 3만 원을 주었다.

그런데 만약 사냥꾼의 역할을 여우가 대신해준다면 어떨까? 작은 동물을 잘 사냥하는 여우는 스스로 산에 정착해 우리를 위해 365일 내내 고라니나 멧돼지 새끼를 찾아내 무료로 사냥해줄 것이다.

과학자들은 여우가 이런 역할을 맡기에 적합한 동물이라고 보았다. 아무리 사냥을 잘한다고 해도 한국에 살지도 않았던 퓨마나 악어 같은 동물을 풀어놓을 수는 없다. 그 동물들이 한국의 자연 환경에 잘 적응할 수 있을지 모르고, 예상치 못한 생태계 파괴가 일어날지도 모르기 때문이다.

그에 비해 여우는 불과 몇십 년 전까지만 해도 한국에서 흔한 동물이었다. 여우가 겁도 많고 꾀도 많아서 사람에게 함부로 덤비지 않는다는 것도 큰 장점이다. 단순히 사냥이 목적이라면 여우보다 호랑이나 표범을 풀어놓는 편이 훨씬 효과적일 것이다. 하지만 이런 동물들은 만에 하나라도 마을로 내려올 경우 매우 위험하다. 반면 여우는 여차하면 사람을 피해 도망치기 때문에 사람을 위협하는 일은 거의 없다.

게다가 여우를 다시 퍼뜨리려면 일단 여우를 길러 새끼를 많이 확보해야 하는데, 여우는 야생동물치고는 번식이 쉬운 편이라는 점도 무시할 수 없는 큰 장점이다. 여우를 워낙 보기 힘든 한국에서는 상상하기 힘들지만, 전 세계에서 여우를 농장에서 기르는 나라가 꽤 많다. 유럽의 선진국들은 모든 동물을 잘 보호할 것 같지만 의외로 북유럽 국가에서는 지금도 여우를 수만 마리, 수십만 마리씩 우리에 가둬 기르며 새끼를 낳게 해서 계속 수를 불리는 농가도 많다.

이렇게 여우를 대규모로 기르는 이유는 여우 가죽이 모피 의류의 좋은 원료이기 때문이다. 특히 패션 산업이 발달한 유럽에서는 여우 가죽으로 목도리나 코트를 만들기 위해 여우를 기르는 일이 여전히 흔하다.

사실 1980년대만 해도 국내에도 여우 농가가 드물게 있었다. 한국의 야생에서 여우는 멸종했지만, 충남대학교 농업과학연구소의 곽경호 선생의 논문에 따르면 1990년 자료 기준으로 전국에 222명의 농민이 여우를 기르는 농장에서 일했다. 그러나 한국에서는 유럽과 달리 모피 산업이나 패션 산업이 활발하지 않아 여우 가죽이 대량으로 판매되기 어려웠다. 그렇다 보니 지금도 대규모 여우 농장이 운영되는 유럽 국가들과 달리 한국의 여우 농장은 결국 점차 줄어들었다.

여우를 가까이 두고 길러보면 강아지와 비슷한 점이 많다. 러시아의 생물학자 드미트리 벨랴예프가 1950년대부터 수십 년간 진행한 여우 길들이기 실험 이야기가 유명하다. 책《은여우 길들이기》에 실린 이 실험 결과에 따르면, 사람을 친숙하게 여기는 기질이 강한 여우들만 모아서 새끼를 낳게 하고, 그 새끼들을 모아 다시 그중에서 사람을 친숙하게 여기는 기질이 강한 여우들만 새끼를 낳게 하는 방식으로 대를 이어가게 했더니 4세대째에는 꼬리를 흔드는 여우가 나타났고, 8세대째에는 꼬리가 진돗개처럼 위로 말리는 여우까지 등장했다고 한다.

그만큼 여우는 다른 동물에 비해 습성과 생활 방식에 대한 지식이 비교적 많이 쌓여 있는 동물이었다. 여우가 어떻게 태어나고 자라는지에 대해서도 사람들은 이미 꽤 많은 것을 알고 있었다. 이러한 여러 이유로 2011년부터 경상북도 영주에 여우 복원을 위한 시설이 마련되었고, 한국 정부는 여우를 길러 수를 늘린 뒤 산에 풀어주는 복원 사업을 본격적으로 시작했다.

막상 사업을 진행하자 첫 단계부터 순조롭지 않았다. 여우를 길러 수를 늘리는 가장 기본적인 단계조차 예상보다 어려웠던 것이다. 외국에서 들여온 한반도 여우들을 짝짓기하게 하고 새끼를 많이 낳게 하는 일도 쉽지 않았다. 유럽의 여우 농장에서 대량으로 기르는 방식을 그대로 적용하는 것만으로는 큰 효과를 보지 못한 것 같다.

이때의 어려움 때문에 인터넷에는 악명 높은 소문이 퍼지기도 했다. 한국 과학자들이 토종 여우가 새끼를 낳게 하는 데 번번이 실패했는데, 어떤 개장수가 밀수해온 여우를 기르다가 새끼를 많이 낳게 하는 방법을 터득했다고 한다. 결국 과학자들은 그 밀수꾼을 스승으로 모셔 그에게 그 방법을 배웠다는 이야기였다.

내막을 살펴보면 밀수꾼이 기르던 토종 여우가 마침 새끼를 낳았고, 그가 밀수 사실을 자수하면서 이 모든 일이 당국에 알려진 것까지는 실제로 있었던 일이다. 그러나 소문이 퍼지는 과정에서 과장되고 왜곡되면서 과학자들이 개장수에게 방법을 배워 토종 여우 수를 늘렸다는 식의 황당한 이야기까지 더해졌다. 실제로는 과학자들이 밀수꾼을 스승으로 모셨다거나 그에게 얻은 정보가 큰 도움이 된 일은 없었다.

사업이 어느 정도 자리를 잡자 여우를 길러 새끼를 낳게 하고 수를 늘리는 방법은 서서히 안정되기 시작했다. 그렇다고 여우 복원 사업이 순조롭지는 않았다. 어렵게 길러낸 여우들을 소백산 자락에 풀어놓으면 우리 바깥의 거친 환경을 견디지 못하고 얼마 지나지 않아 목숨을 잃는 일이 계속해서 벌어졌기 때문이다.

연구 시설에서는 우리 안에서 자란 여우가 어느 정도 덩치가 커졌다고 해서 무턱대고 산으로 내보내지 않는다. 자연에 풀어놓기 전에 여우를 가로세로 100m, 대략 1만m^2 넓이의 훈련장에 풀어놓는다. 그 안에서 여우가 사냥과 생존을 경험하고 연습하도록 한다. 작은 동물을 여우 곁에 둬서 사냥 연습을 하게 하고, 나무 열매 같은 먹이를 던져주면서 먹으면 맛있는 음식이라는 걸 알려주기도 한다. 때로는 다른 여우를 만나거나 굴을 파고 둥지를 만들어 새끼를 낳는 일까지 사람의 관찰과 보호 안에서 시도하게 한다.

그 결과 여우가 산속 생활을 충분히 해낼 수 있겠다 싶을 때 우리 바깥으로 내보내졌다. 그렇다고 여우를 깊은 산속에 내던지고 오는 것은 아니다. 우리에 담긴 채로 산속에 두고, 문을 열어두어 여우가 자유를 찾아 스스로 문 밖으로 나가도록 했다.

그런데 3년 동안 산속 생활에 적응하는 데 성공한 여우는 손에 꼽혔다. 맨 처음 풀어놓은 두 마리 여우만 하더라도 얼마 지나지 않아 그중 한 마리는 목숨을 잃은 채 발견되었고, 다른 한 마리는 부상을 입어 더 이상 야생에서 생존이 불가능한 상태로 구조되었다. 이 정도면 시작부터 완전히 실패했다고 할만하다.

목숨을 잃은 채 발견된 여우는 민가의 아궁이 구멍에 들어가 있었다. 여우는 본래 바위틈이나 땅에 난 작은 굴을 집으로 삼는다. 아마도 그 여우는 쉬기 위해 숨을 곳을 찾아 헤맸을 것이다. 처음에는 산속을 이리저리 돌아다녔겠지만 적응력이 부족해 제대로 된 여우굴을 찾지 못했을 테고, 어쩔 수 없이 사람 손길이 닿는 민가까지 내려오지 않았을까? 그러나 민가라고 해서 여우가 쉴만한 굴이 있을 리 없다. 여우는 아무리 떠돌아도 여우굴처럼 아늑한 곳을 찾지 못하고 지쳐갔을 것이다. 그러다 그나마 여우굴과 비슷한 어느 빈 집의 아궁이로 겨우 몸을 밀어 넣었고, 그곳에서 끝내 숨이 끊어졌던 듯싶다.

초기에 산으로 나간 여우들이 잘 적응하지 못한 이유는 여러 가지로 설명해볼 수 있다. 그중에서 내가 꼭 짚고 넘어가고 싶은 것은 많은 여우들이 사람이 불법으로 설치한 덫에 걸려 목숨을 잃었다는 사실이다.

야생동물을 보호하겠다는 마음으로 산을 돌아보면, 한국 산에는 지긋지긋할 정도로 덫이 많다. 덫이라고 해봐야 보통은 올무라고 부르는 단순한 장치다. 철사 줄을 둥글게 고리 모양으로 만들어 매듭을 지어놓은 것이 전부다. 매우 간단한 구조라서 사람들이 흔히 값싸게 만들어 별 고민 없이 여기저기에 던져놓곤 한다. 딱히 여우를 노리고 설치하는 것도 아니다. 고라니든 멧돼지든 뭐든 걸리면 된다는 식이다. 심지어 덫을 설치해두고 그 사실을 잊어버리는 일도 허다하다.

사람이라면 올무에 걸려도 손으로 철사 줄 고리를 느슨하게 풀어 빼면 그만이다. 그러나 동물은 손이 없으니 철사 고리를 조작할 수 없다. 그래서 야생에 적응하기 위해 복잡한 과정을 거쳐 산에 나간 여우가 어이없을 정도로 단순한 덫에 걸려 철사에 발이 묶인 채로 며칠이고 그 자리에 붙들려 있다가 기운이 빠져 결국 목숨을 잃게 된다.

《2020 멸종위기야생생물 증식복원사업 연간보고서》를 보면, 2020년 한 해 동안 경상북도 영주 인근 산에서만 당국 직원과 주민 들이 400개에 가까운 올무를 찾아 없앴다고 한다. 심지어 나 역시도 야생동물 보호와는 아무 상관없이 벌초를 하러 산에 올랐다가 올무를 본 적이 있을 정도다.

가뜩이나 경험과 기술이 부족해 여우의 적응이 쉽지 않았던 복원 사업 초창기에 올무까지 여우들을 괴롭혔으니 실패가 이어질 수밖에 없었다. 2017년 4월 10일 환경부 보도자료를 보면, 2012년부터 2016년까지 산으로 내보낸 여우 32마리 가운데 13마리가 목숨을 잃었고, 7마리는 부상을 입어 다시 데려왔다고 한다. 3분의 2에 달하는 여우들이 결국 적응에 실패했다는 이야기다. 이런 상황에서는 복원 사업에 대한 여론과 상부의 평가가 나빠지기 쉽다.

여우같이 사는 방법

한국의 여우 복원 사업이 전환점을 맞이한 것은 2016년부터다. 그해 4월 초, 산에 풀어놓은 여우 중 한 마리가 사람의 손길이 닿지 않는 산속에서 처음으로 새끼를 낳은 사실이 확인되었다. 이때 태어난 새끼들은 처음부터 한국의 야생에서 태어나 자라나기 시작했다. 안타깝게도 새끼 여우들은 오래 살아남지는 못했지만, 이후에도 산으로 나간 여우들이 새끼를 낳고 자리를 잡아 살아가는 모습이 관찰되기 시작했다.

최초로 여우를 풀어주기 시작한 지 12년이 지난 2023년, 《KBS 뉴스》 보도에서 이제 90마리가 넘는 여우가 야생에서 활동하고 있다는 소식을 전했다. 그중 17마리는 야생에서 태어나 성장한 여우들이었다. 경상북도 소백산을 중심으로 퍼져나간 여우들은 이제 전국 각지에서 목격되고 있다. 수백 킬로미터가 넘는 거리까지 이동한 사례도 여러 차례 확인되었다.

2022년에는 소백산의 여우가 400km 넘게 떨어진 부산 해운대 달맞이 고개까지 내려온 것이 시민들에게 발견되어 화제가 되기도 했다. 이 여우는 약 6개월 동안 부산에 머물다가 떠나기로 결심했는지 강원도 정선까지 장거리 이동을 하기도 했다. 결국 이 여우는 강원도에서 자연사한 상태로 발견되었다. 이런 모습을 보면, 여우가 다시 자리 잡고 있다고는 해도 여전히

21세기 한국 산에서 번성하기란 결코 쉽지 않다는 생각이 든다. 그런 만큼 앞으로도 더 많은 연구를 이어가야 하고, 새로운 방향에서 기술을 개선해볼 여지도 있어 보인다.

나는 여우 복원 사업이 초창기 고비를 넘어설 수 있었던 계기로 여우의 짝짓기에 대한 방침을 바꾼 일도 한번 살펴보고 싶다. 사업 초기에 과학자들은 가장 뛰어난 새끼를 얻기 위해 여러 조건을 검토한 뒤 새끼를 잘 낳고 기를 것으로 계산된 암컷과 수컷을 쌍으로 선발해 이들 사이에 새끼가 나오도록 유도하는 방법을 사용했다.

그러나 이 방법은 생각보다 성과가 좋지 않았다. 이후 여러 마리의 여우가 자유롭게 어울리게 했고, 그중 서로 호감을 보이는 여우들끼리 짝짓기를 해 새끼를 낳도록 여우에게 맡기는 방법으로 바꿨다. 그러자 그다음부터는 훨씬 더 많은 새끼들이 태어났다고 한다.

요즘에는 사람이 짝을 만나고, 사귀고, 결혼할 때 이른바 '급이 맞는' 조건을 갖춘 상대를 찾아야 손해 보지 않는다는 생각이 굳게 자리 잡은 것 같다. 행복하게 살아가려면 급을 따지기보다 이끌리는 사람과 먼저 어울려보기 시작하는 문화가 훨씬 편하고 좋아 보인다. 그런 식으로 즐겁게 잘 사는 방법을 찾는다면 그것이야말로 진짜 여우같이 사는 방법이다.

여우가 현실 세계에서 지닌 요술 같은 재주를 하나 더 이야기하자면, 나는 냄새로 의사소통하는 능력에 대해 말하고 싶다. 여우는 몸에서 아주 독특한 냄새를 뿜어낼 수 있는데, 그 냄새를 맡고 서로에 대해 이런저런 정보를 짐작할 수 있다고 한다. 말하자면 냄새로 대화를 나누는 셈이다. 물론 향기라고 부르기에는 사람이 맡으면 대체로 불쾌하고 꺼림칙한 냄새이기는 하다.

동물이 냄새를 의사소통에 활용할 때, 그 냄새의 성분을 화학에서는 세미오케미컬semiochemical이라고 부른다. 사람이 "냉장고 안에 점심 도시락이 있으니 데워서 먹어" 하고 메모를 남기듯, 여우는 어떤 장소에 세미오케미컬을 묻혀 "여기는 내 땅이니 함부로 들어오지 마"라는 메시지를 다른 여우에게 전한다고 볼 수도 있겠다.

여우가 어떻게 이렇게 복잡하고 독특한 냄새를 만들어내는지는 재미난 연구 거리다. 그래서 호주의 생물학자 스튜어트 맥클린Stuart McLean은 2019년 논문에서 여우가 내뿜는 냄새의 성분을 화학적으로 분석한 결과를 발표했다. 내용을 살펴보면 여우 냄새 성분 중에는 카로티노이드carotenoid 계통 물질이 무척 많았다. 카로티노이드는 'carrot'과 비슷한 발음에서 알 수 있듯 당근에서 쉽게 발견되는 카로틴이라는 물질과 비슷한 점이 많은 물질이다. 당근을 비롯한 여러 식물에서 다양한 카로티노이드 계열의 물질이 발견되지만 몸속에서 카로티노이드를 만들어내는 동물을 찾기는 어렵다.

그렇다면 여우는 무슨 수로 카로티노이드 계통의 성분을 구해 독특한 냄새를 뿜어내는 것일까? 여우가 잠시 당근으로 변신하는 요술이라도 부리는 것일까? 추측해보자면, 여우는 카로티노이드가 들어 있는 식물을 가끔 뜯어 먹는데, 그것을 소화해 식물 속 성분을 뽑아낸 뒤 그 성분을 활용해 세미오케미컬을 몸속에서 만들어낸다고 생각해볼 수 있다.

과장해서 말하자면, 여우는 꽃이 피는 식물을 뜯어 먹고, 그 꽃 속에 담긴 성분을 이용해 자신만의 향기를 만들어내며, 그 향기로 소리 없이 이야기를 속삭이는 동물이라고 할 수 있다. 이런 모습은 신비로운 전설을 많이 간직한 한국의 여우에게도 무척 잘 어울리는 연구 결과다.

4장

청설모 × 강원도

다람쥐와 비교당하는 숲의 수호자

억울하게 악당이 된 사연

나는 조선 시대 글을 읽다가 '청서대난青鼠大難' 때문에 사람들이 큰 피해를 입었다는 내용을 본 적이 있다. 청서대난을 한자 그대로 옮기면 '청설모의 커다란 괴롭힘'이라는 뜻이다. 이게 무슨 말일까? 독일 하멜른의 전설 피리 부는 사나이에는 하멜른에 엄청난 쥐떼가 몰려와 사람들이 큰 고통을 겪었다는 이야기가 담겨 있다. 혹시 그와 비슷하게, 조선 시대에 청설모 떼거리가 마을을 습격해서 집이나 가구를 강한 앞니로 갉아 먹는 바람에 큰 난리가 났다는 이야기일까?

청서대난은 조선의 문신 황사우가 쓴 〈명호서원 강당 상량문〉에 나오는 이야기다.

여기서 청서대난, 즉 청설모의 커다란 괴롭힘이라는 말은 1504년 조선 정치계에서 벌어진 큰 사건을 가리킨다. 이 시절 조선을 다스리던 임금은 연산군이었다. 연산군의 악명 높은 난폭한 정치가 시작된 해가 바로 1504년이다. 정확하게 말하면 1504년 음력 3월 20일 밤에 일어난 일이 결정적인 전환점이었다. 그리고 그 이후, 1504년 한 해 동안 이어진 연산군의 폭정을 가리켜 청서대난이라고 부른다.

연산군은 어머니가 누구인지 정확히 알지 못한 채 태어나 임금의 자리에 올랐다. 나중에서야 어머니인 폐비 윤씨가 아버지 성종과의 부부싸움 끝에 죄를 뒤집어쓰고 처형되었다는 사실을 알게 되었다. 《연려실기술》을 비롯한 여러 책에 실린 내용에 따르면, 폐비 윤씨는 자신이 억울하게 목숨을 잃게 되었다고 여겨 깊은 한을 품었다. 그래서 처형당하는 순간 피를 천에 묻혀 훗날 아들에게 전해달라는 유언을 남겼다고 한다. 전해지는 이야기로는 세월이 흘러 임금이 된 폐비 윤씨의 아들 연산군이 어머니의 피 묻은 천을 보고 큰 충격을 받았고, 그 분노로 원수를 갚겠다며 날뛰기 시작한 것이 1504년이라고 한다. 드라마나 영화를 통해서도 꽤 잘 알려진 이야기이지만 어디까지가 실제로 있었던 일인지는 정확히 알기 어렵다.

확실한 것은 연산군이 어머니인 폐비 윤씨를 처벌해야 한다고 주장했던 이들, 그리고 처벌 과정에 관여했던 이들에게 무거운 벌을 내리겠다고 나섰다는 점이다. 특히 1504년 음력 3월 20일 밤, 임금은 정말 피 묻은 천이라도 본 것처럼 격분하며 거의 광기에 가까운 난폭함을 드러내 여러 사람에게 극심한 형벌을 내렸다. 그날 밤에 임금이 저질렀던 짓의 흉측함과 지독함은 두고두고 역사에 남아 악명을 떨쳤다. 그러나 분이 풀리지 않은 임금은 이후에도 수많은 사람을 처벌했고, 이 사건은 1504년 갑자년에 일어난 일이라 갑자사화라고 불린다.

그런데 황사우는 어째서 갑자사화를 엉뚱하게도 청설모의 커다란 괴롭힘, 청서대난이라고 불렀을까? 그 이유는 조선 시대 사람들 사이에 매해 그 해를 상징하는 색깔이 있다는 생각이 퍼져 있었기 때문이다. 즉 금년을 상징하는 색이 푸른색이라면 2년 후에는 붉은색으로, 다시 2년이 지나면 노란색으로, 그리고 그 이후로도 2년마다 차례로 흰색과 검은색으로 바뀐다고 여겼던 것이다. 요즘도 '올해는 황금돼지의 해', '내년은 흑룡의 해'처럼 해마다 특정 색을 붙여 부르는 경우가 있는데, 그와 비슷한 생각이다.

청서대난이라는 말에서 '서鼠'는 쥐를 뜻한다. 이는 12가지 띠 중 쥐띠를 가리킨다. 따라서 청서대난은 '푸른 쥐의 해에 일어난 커다란 괴롭힘'이라는 뜻으로 해석할 수 있다. 실제로 갑자사화가 일어났던 1504년이 푸른 쥐의 해에 해당하므로, 청서대난은 곧 갑자사화를 돌려 표현한 말이다. 마침 '청서青鼠'가 한자로 청설모를 뜻하는 말이기도 하니, 일종의 언어유희나 아재개그처럼 청서대난이라는 말이 탄생한 셈이다.

그렇다 보니 청서대난이라는 말은 실제 숲에 사는 청설모라는 동물의 행동이나 습성과는 아무런 관련이 없다. 이야기를 조금 덧붙이자면, 갑자사화 같은 큰 사건을 일으킬 때 임금을 부추겼던 간신배들과 악당들의 교활한 위세를 청설모에 빗댄 것으로 볼 수도 있겠다. 청설모는 조선 시대에 상당히 귀하게 여겨진 동물로 사치품의 재료로도 유명했으니, 갑자사화와 청서대난이 엮이는 것도 어울리는 이야기가 될 수 있겠다.

쓸모가 이름이 되다

청설모는 이름에 얽힌 이야기가 꽤 이상한 동물이다. 그 이름이 이상하게 변한 까닭도 거슬러 올라가 보면, 옛 한국인들 사이에서 청설모가 인기 있는 동물이었기 때문이라고 할 수 있다.

초등학교 시절 어느 겨울이었다. 그때 내가 다니던 학교는 교실마다 기름을 태워 사용하는 난로가 하나씩 있었다. 난로를 다 쓰고 나면 난로에 달린 기름통을 떼어내 학교 뒤뜰에 가져다 놓아야 했다. 이 일은 반별로 담당을 정해 학생들이 맡았는데, 마침 그때 우리 반 선생님이 나에게 그 일을 맡겼다. 그 후로 선생님은 나를 이름 대신 '기름통'이라고 부르곤 했다. 나중에는 방침이 바뀌어 한 반에 두 명씩 담당 학생을 정하게 되었는데, 그러자 선생님은 교실 왼쪽 자리에 앉던 나를 '왼쪽 기름통'이라고 불렀고 오른쪽에 앉던 다른 학생을 '오른쪽 기름통'이라고 불렀다. 청설모라는 이름이 딱 그런 식으로 붙은 이름이다.

옛 시대로 거슬러 올라가면 청설모의 원래 이름은 한자어 표현 그대로 '청서'였다. 《표준국어대사전》에도 아직 청서라는 이름이 실려 있다. 그 옛날에 청서의 털이 귀한 상품으로 소문나면서 사람들은 청서의 털, 즉 청서모靑鼠毛를 자주 거래하기 시작했다. 그러다 보니 사람들이 청서를 사냥하거나 판매할 때마다 "청서모를 팔아 돈을 번다", "청서모 시세가 올라서 좋다" 같은 말을 자연스레 자주 하게 되었을 것이다.

그렇게 말을 주고받으며 세월이 흐르다 보니, 아예 그 동물의 이름이 '청서모'로 굳어졌던 것으로 보인다. 그러다가 좀 더 발음하기 쉽게 변해 '청설모'가 되었다는 것이 오늘날 널리 알려진 이야기다. 동물의 중요한 쓸모를 그 동물의 이름으로 부른다는 이야기인데, 이것은 마치 돼지를 삼겹살이라고 부르거나 명태를 생태탕이라고 부르는 것과 비슷한 느낌이다. 그렇게 생각하면 좀 너무한 것 같기도 하다.

그렇다면 원래 이름인 청서는 무슨 뜻일까? 청설모의 색깔은 회색 또는 검은색인데, 청설모와 닮은 동물인 다람쥐와는 색깔이 완전히 다르다. 그래서 청설모의 털빛이 다람쥐와 다르다는 점을 강조하려고 조금은 과장된 표현으로 푸른색을 뜻하는 '청青'을 이름에 붙인 것이 아닌가 싶다. 한국어학자인 조항범 교수 역시 청설모라는 이름을 분석한 논문에서 청서의 털색이 청회색을 띤다고 해서 청서라는 이름이 붙었을 것이라고 설명했다.

청설모 vs 다람쥐

그러고 보면 다람쥐와 청설모는 묶어서 비교해볼 만하다. 두 동물은 생물학에서 같은 다람쥣과로 분류되기도 하고, 생김새도 닮은 점이 많다. 나무를 오르내리는 솜씨가 능숙하며 솔방울, 도토리, 견과류 같은 딱딱한 씨앗류를 즐겨 먹는 습성도 비슷하다. 그래서 나는 중학교 때까지만 해도 다람쥐나 청설모나 그게 그거인 줄 알았다.

무엇보다 두 동물은 씨앗을 한자리에서 다 먹어 치우지 않고 저장해두는 버릇이 있다는 점이 닮았다. 자기 집에 씨앗을 잔뜩 쌓아두기도 하고, 이곳저곳 땅속에 슬쩍 파묻어놓기도 한다. 나중에 배가 고플 때 다시 찾아 먹기 위해 생긴 습성일 것이다. 씨앗을 파묻을 때 청설모는 앞발을 아주 잽싸게 움직이는데, 그 모습이 꼭 사람이 쪼그리고 앉아 두 손으로 뭔가 일을 하는 것 같아 보여서 재미있다.

그런데 청설모는 이곳저곳에 조금씩 먹이를 파묻어둔 장소를 장부 같은 것에 기록해둘 수 없다. 그래서 이런 동물들은 자기가 묻어둔 씨앗이 어디에 있는지 잊어버린다. 그렇게 잊힌 씨앗들은 누가 일부러 심어둔 것처럼 싹이 나고 잎이 돋아나 결국 나무로 자란다.

만약 청설모 같은 동물이 없었다면 어땠을까? 씨앗은 늘 떨어지는 자리 근처에만 떨어져 널리 퍼지지 못하고, 잘 뿌리내리지도 못했을 것이다. 그랬을 씨앗이 청설모 덕분에 먼 지역까지 옮겨가며 잘 자라날 수 있는 것이다. 이렇게 보면 청설모와 다람쥐는 씨를 뿌리며 숲을 넓히는 일을 하는 동물이다.

넓은 산에 높이 솟은 큰 나무들이 우뚝우뚝 자리 잡은 모습을 보면, 그야말로 위대한 생태계의 바탕이라는 생각이 든다. 그런데 정작 그런 울창한 산의 모습을 만들어낸 장본인은 얼핏 사소한 조무라기처럼 보이는 청설모와 다람쥐라고도 할 수 있겠다. 이렇게 생각하면 숲을 지키는 요정이 있다는 전설과도 비슷한 느낌이다.

청설모와 다람쥐를 가장 쉽게 구분하려면 겉모습을 보면 된다. 몸에 줄무늬가 없고 크기가 크다면 청설모, 줄무늬가 있고 몸집이 작으면 다람쥐라고 보면 된다. 또 하나 다른 점은 귀 모양이다. 청설모는 귀 끝에 털이 길게 뻗어 있어 귀가 솟아 있는 것처럼 보인다.

옛 유럽 전설에는 숲을 지키는 신비한 종족인 엘프가 등장하고, 영화 〈스타트랙〉 시리즈에는 사람들을 도와주는 벌컨이라는 신비한 외계 종족이 나온다. 나는 청설모의 귀에 털이 솟아 있는 모습을 보면 엘프나 벌컨 종족이 떠오른다. 어쩐지 그런 외모가 숲을 지키는 산신령 같은 역할과 잘 어울리는 느낌이다.

몸의 줄무늬를 빼고 색깔로만 다람쥐와 청설모를 구분하자면, '청서'가 본래 이름인 만큼 청설모는 푸른색을 띠어야 할 것 같다. 하지만 실제로 그렇게 보이는 경우는 드물다. 그나마 한국에 사는 청설모는 회색에 가까워서 간혹 푸른 기운이 감도는 듯 보이지만, 유럽에 사는 청설모는 갈색이나 붉은색을 띠는 경우가 많다. 그래서 우리가 청설모라고 부르는 이 동물을 영어로는 'red squirrel'이라고 한다. 둘 다 학명은 스키우루스 불가리스*Sciurus vulgaris*로 같은데, 유럽 사람들은 청설모가 아니라 홍설모라고 부르는 셈이다.

다람쥐와 청설모는 나무에 잘 매달리기 위해 발톱이 길게 자라고, 다섯 개의 발가락도 길게 뻗어 있다. 그래서 앞발을 내민 모습을 보면 크기가 작아서 그렇지 사람 손과 꽤 닮았다. 특히 청설모가 솔방울이나 전나무 열매 같은 것을 먹을 때, 앉은 자세로 두 앞발에 솔방울을 들고 이리저리 돌려가며 부지런히 갉아 먹는 모습은 마치 사람이 두 손으로 물건을 다루는 모습과 비슷해 보인다. 나는 이런 모습도 숲을 지키는 작은 산신령에 어울린다고 생각한다.

청설모는 배 쪽 털이 하얗고, 전체적으로는 회색 털에 귀에는 풍성한 털이 나 있는 것이 특징이다. 한국 청설모가 두 앞발을 능숙하게 써서 나무에 붙어 있는 모습을 보고 있으면 언뜻 코알라가 떠오르기도 한다.

청설모와 다람쥐의 행동 가운데 차이가 뚜렷한 것도 있다. 예를 들어, 집을 짓는 장소가 완전히 반대다. 다람쥐는 땅속에 굴을 파고 집을 짓는다. 이렇게만 말하면 쥐구멍 정도로 느껴질 수 있지만, 다람쥐는 방이 여러 개인 큰 굴을 만들어 산다. 어떤 방은 화장실로, 어떤 방은 음식을 쌓아두는 창고로 쓰는 등 세 개 정도의 방을 용도별로 나눠 쓰면서 제법 널찍하게 지낸다. 한국처럼 월세나 전세 걱정이 많은 나라에서 살다 보면, 방 두 개짜리 집을 혼자 누리면서 음식까지 넉넉히 쌓아두고 사는 다람쥐의 삶이 꽤 괜찮아 보이기도 한다.

그런데 청설모는 그보다도 멋진 집을 짓는다. 청설모는 땅속이 아니라 나무 중간쯤의 높은 곳에 집을 짓는데, 한국식으로 표현하자면 딱 로열층이다. 나뭇가지를 모아 새 둥지처럼 생긴 집을 만들고, 그 안쪽에는 나뭇잎이나 자기 털을 깔아 부드럽게 정돈한다. 100% 원목으로 지은 집에 털 카펫으로 인테리어를 한 느낌이다.

게다가 청설모 집은 새집과는 구조가 달라서 출입구가 따로 있다. 출입구는 주로 남향으로 만드는데, 이 역시 좋은 부동산 조건을 두루 갖춘 셈이다. 심지어 미국의 생태학자 데이비드 R. 패튼David R. Patton의 연구에 따르면 청설모는 집을 2개에서 6개까지 지어두고 번갈아 사용한다. 청설모는 1가구 1주택이 아니라, 최대 1가구 6주택을 소유한 다주택자라는 이야기다.

청설모와 다람쥐 사이의 결정적인 차이점으로 내가 가장 중요하게 생각하는 것은 계절에 따른 태도다. 나는 이 차이 때문에 조선 시대의 사람들이 청설모를 유독 좋아했고, 나아가 청설모라는 이름까지 붙였다고 생각한다. 그 차이란, 다람쥐가 겨울이면 겨울잠을 자며 거의 움직이지 않는 반면, 청설모는 긴 잠을 자지 않고 추운 날씨에도 꿋꿋이 나뭇가지 위를 누비며 겨울을 지낸다는 점이다.

청설모는 겨울이 다가오면 온몸의 털이 풍성하게 불어난다. 귀에 난 털도 더욱 삐죽하게 솟아오른다. 겨울철 추위를 견디기 위한 변화일 것이다. 청설모는 꼬리가 크고 폭신폭신한데 이것도 겨울을 버티는 데 큰 도움이 된다.

바로 이 덕분에 조선 시대에는 청설모의 털과 가죽이 따뜻하고 품질 좋은 재료로 유명했다. 물론 오늘날에는 동물의 털과 가죽 없이도 화학 기술을 이용해 따뜻한 옷을 자유자재로 만들 수 있다. 아크릴로 만든 옷감은 동물 가죽과는 비교도 안 될 만큼 저렴하면서 따뜻함만 따지자면 어지간한 털실 옷 못지않다. 하지만 그런 기술이 없던 시대에는 다람쥐와 비슷한 삶을 살면서도 혹독한 추위를 맨몸으로 견디는 청설모의 털과 가죽이 아주 귀하고 쓸모 있는 자원이었다.

《조선왕조실록》 1472년 음력 1월 22일 기록에는 조정에서 사치스러운 풍속을 금지하기 위해 의논하는 장면이 나온다. 이때 신분이 높지 않은 사람에게는 청설모 가죽으로 만든 옷이나 모자를 사용하지 못하도록 금지하자는 논의가 있었다. 그 말은 지금으로부터 500여 년 전인 조선 전기에 청설모 가죽이 사치스러운 옷감으로 여겨졌다는 것을 보여준다.

요즘 한국에서는 유럽 명품 브랜드의 비싼 옷이나 가방이 인기를 끌지만, 어쩌면 1472년 조선에서는 청서피青鼠皮, 즉 청설모 가죽이라는 말이 명품의 상표처럼 통했을지도 모른다. 심지어 사치나 화려한 치장을 멀리할 것 같은 고고한 선비들 사이에서도 청설모 털은 인기가 많았다. 그 이유는 청설모의 꼬리털로 붓을 만들었기 때문이다. 조선 시대의 많은 선비들은 글씨를 멋지게 쓰는 일에 목숨을 걸었고, 그만큼 붓에도 큰 관심을 기울였다. 《성호사설》 〈낭미율미〉라는 글을 보면 당시 선비들이 쓰던 붓 중에는 낭미필狼尾筆과 율미필栗尾筆이 있었다고 한다. 낭미필은 족제비 꼬리털로 만든 붓이고, 율미필은 청설모 꼬리털로 만든 붓이다. 《성호사설》에 따르면 율미필은 낭미필에 비해서는 품질이 조금 떨어지는 제품으로 취급되었다.

그러나 모든 선비가 같은 평가를 내리진 않았다. 18세기 작가 김상숙은 〈각필관잡문〉이라는 글에서 청설모 털이 진한 흑청색에 부드럽고 윤기가 흐른다며 좋은 재료라고 높이 평가했다. 그는 최고의 붓을 만들기 위해서는 중심은 토끼 털로 튼튼하게 하고, 안쪽은 청설모 털로 채우며, 겉면은 족제비 털로 감싸는 것이 가장 좋다고 주장하기도 했다.

이처럼 조선 시대에는 청설모의 털과 가죽이 누구에게나 귀하게 여겨졌을 것이다. 비싼 값에 팔렸기 때문에 가난한 사람들조차 산에서 청설모를 잡으면 돈이 된다는 생각으로 청설모를 좋아했을 만하다.

인기 급하락의 이유

현대에 들어 청설모의 인기는 확 줄어들었다. 특히 20세기 후반에 청설모가 다람쥐를 잡아먹는다는 이상한 소문이 유행하면서 널리 상식처럼 받아들여지기도 했다. 그렇다 보니 요즘은 청설모를 반갑게 여기기는커녕, 다른 동물을 잡아먹는 악당처럼 여기는 사람도 적지 않은 듯하다.

청설모가 다람쥐를 잡아먹는다는 속설은 사실이 아니다. 이런저런 복잡한 이유로 청설모가 다람쥐의 삶에 간접적으로 방해가 될 수 있지만, 청설모가 다람쥐의 천적이라는 주장은 오해일 뿐이다.

숲을 키우고 지키며 살아가는 청설모가 가장 많이 먹는 것은 나무 열매와 씨앗이다. 물론 청설모나 다람쥐는 잡식성이어서 가끔 벌레나 작은 동물을 먹기도 한다. 하지만 청설모를 관찰한 경험담을 두루 들어보면 오히려 다람쥐가 사냥에 더 능한 편인 듯하다.

그런데 어쩌다 청설모가 다람쥐를 잡아먹는다는 이야기가 퍼졌을까? 그 첫 번째 이유는 현대에 들어 사람들이 청설모보다 다람쥐를 더 귀엽게 여기게 된 영향일지도 모른다. 아름다움은 보는 사람의 기준에 따라 달라진다. 그러므로 다람쥐가 청설모보다 더 귀엽다는 생각이 항상 옳다고 할 수는 없다. 조선 시대에는 청설모가 값비싼 사치품 재료였던 만큼, 그 시절에는 오히려 청설모가 다람쥐보다 더 아름답다고 평가받았을지도 모른다. 그런 점에서 나는 청설모보다 다람쥐가 더 귀엽다는 생각은 아마 조선 말기 이후, 특히 현대에 들어서야 자리 잡았을 거라고 추측한다.

굳이 콕 집어 말하자면, 나는 그런 생각이 퍼지기 시작한 결정적인 전환점이 1962년이었다고 생각한다. 바로 그해에 한국의 한 사업가가 일본을 방문했다가 한국 다람쥐를 집에서 기를 수 있는 동물로 소개하면 일본 사람들에게 잘 팔린다는 사실을 알아냈기 때문이다.

일본에도 다람쥐가 있기는 하다. 하지만 한국 다람쥐는 색깔과 무늬, 크기 면에서 약간 달랐다고 전해진다. 특히 무늬가 선명하고 크기는 일본 다람쥐보다 작았기 때문에 일본에서 인기를 끌었다고 한다. 당시 한국 다람쥐 한 마리를 일본에 수출하는 가격은 약 1달러였다. 지금 기준으로 보면 대단찮은 가격 같지만, 1960년대 한국의 경제 상황을 생각하면 무엇이든 수출할 수 있다는 사실 자체가 큰 의미였다. 그래서 다람쥐를 수출하는 일은 곧 커다란 사업으로 성장했다.

얼마 지나지 않아 한국 다람쥐는 일본, 영국, 독일, 네덜란드, 이탈리아, 미국 등지에 팔리는 상품으로 자리 잡았다. 특히 귀여운 동물을 좋아하는 어린이들이 한국 다람쥐를 사달라고 조르는 경우가 많았던 것으로 보인다. 다람쥐는 집 안 한쪽에 마련한 우리 안에 가둬놓고 기를 수 있는 작은 동물이라, 개나 고양이에 비해 키우기 쉽다는 생각이 당시에 널리 퍼져 있었다. 또 다람쥐는 큰 소리로 짖거나 울지 않기 때문에 도시에서 기르기도 좋았고, 이런 점들이 판매에 유리하게 작용해 사업성이 높았다.

다람쥐나 청설모 같은 작고 빠른 동물은 천적에게서 잘 도망치기 위해 본능적으로 민첩하게 달리도록 진화했다. 그래서 우리 안에 쳇바퀴를 설치해두면 다람쥐는 이유도 목적도 없이 왠지 모르게 달리고 싶은 기분을 느낀다. 이런 본능 덕분에 우리에 가둬 키워도 다람쥐가 바쁘게 움직이는 모습을 자주 볼 수 있어서 보는 재미가 많다. 1962년 4월 《경향신문》 기사를 보면 다람쥐가 돌리는 쳇바퀴에 발전기를 연결해 전구를 켜는 장치가 잘 팔렸던 것 같다.

다람쥐를 산 일본 어린이 입장에서는 자기보다 훨씬 작은 동물을 먹이고 돌본다는 느낌이 뿌듯함과 우월감을 주기에 좋았다. 이런 감정이 '내가 이 동물을 책임지고 있다'는 생각으로 이어지면, 어린이는 동물에 대한 집착에 빠지기 쉽다. 게다가 야생에서나 볼 법한 다람쥐가 자기 손 위에 올라오면, 자신이 특별한 사람이 된 듯한 기분도 들었을 것이다. 덕분에 1960년대 동안 한국 다람쥐의 인기가 세계 곳곳에서 조금씩 높아지기 시작했다. 《조선일보》 1969년 4월 기사를 보면, 그 시절 일본이나 미국에서는 한국 다람쥐를 수입해 키우며 목걸이 같은 장신구를 달아 치장하거나 가끔 주머니나 가방에 넣고 외출하는 것을 즐기는 사람들도 있었다고 한다.

그런 흐름을 타고 다람쥐 수출 사업은 점점 더 빠르게 커져 갔다. 《경향신문》 1966년 8월 기사와 1970년 5월 기사에 따르면, 다람쥐 수출은 1962년 강원도에서 잡은 약 500마리를 해외에 보낸 것이 시작이었다. 그런데 불과 3년 뒤인 1965년에는 수출된 다람쥐가 7만 마리로 급격하게 늘어났고, 다시 5년 뒤인 1970년에는 한 해 동안 30만 마리에 이르는 한국 다람쥐가 산에서 잡혀 해외로 팔려나갔다. 1976년이 되자 다람쥐가 특히 많이 잡히는 강원도에서는 아예 산림 조합이 직접 나서 홍천, 평창, 정선 등지에서 6만 8,000여 마리의 다람쥐를 잡아 해외로 수출했다는 기사가 《매일경제신문》에 실렸다.

알고 보면 서글픈 이야기지만, 다람쥐를 잡는 일은 그전부터 한국에서 어느 정도 하나의 생계 수단으로 자리 잡아 있었다. 1962년 5월 《경향신문》 보도에 나왔듯 예로부터 먹을 것이 부족했던 가난한 화전민들은 산속에서 다람쥐 집을 찾아내곤 했다. 그 집 안에는 다람쥐가 숨겨둔 밤, 잣, 호두 같은 열매들이 가득했고, 사람들은 그것들을 꺼내 먹으며 끼니를 이어갔다. 이런 다람쥐 집에는 어미와 새끼가 함께 있는 경우가 많아 여러 마리를 한 번에 잡을 수 있었고, 그만큼 더 많은 돈을 벌 수 있었다.

나중에는 몇몇 마을에서 농민들이 농사를 접고 산으로 들어가 다람쥐만 잡으며 살아가는 전문 다람쥐 사냥꾼이 되기도 했다. 축산 전문 잡지사 현축 이희훈 대표의 한 기고문을 보면, 그 시절 한국 다람쥐는 일본과 유럽에서 귀여워하며 찾았고, 다람쥐가 돈이 된다는 생각이 전국에 휘몰아쳤다고 한다. 어떤 곳에서는 아예 작은 섬에 다람쥐를 풀어 수를 불린 뒤 한꺼번에 잡아 파는 사업까지 벌였다고 한다.

이렇게 큰 수출 사업이 되면서 정부가 개입하기 시작해 여러 부서에서 다림쥐 수출 관리를 맡았다. 한국 다람쥐를 보호해야 한다는 이유로 정부는 일부 무역 회사에만 수출 허가를 내주며 권한을 행사했다. 허가 없이 수출하면 범죄가 되는데, 1971년 6월《조선일보》의 기사에 따르면 한번은 2만 마리의 다람쥐 수출이 허가되지 않았다는 이유로 정부가 이를 막은 적도 있었다. 그런데 이후 아무도 그 문제에 관심을 두지 않고 방치하는 바람에 9,000마리의 다람쥐가 우리에 갇힌 채 굶어 죽는 충격적인 사건도 벌어졌다.

아마도 이런 세월이 이어지면서 많은 사람들, 특히 정부 당국자나 무역업자, 그리고 실제로 대량으로 다람쥐를 잡으러 다니던 사람들 사이에서는 다람쥐는 좋은 동물, 다람쥐와 비슷하지만 인기가 없는 청설모는 나쁜 동물이라는 생각이 자리 잡지 않았을까?

참고로 이 시기 이후, 한국 다람쥐는 세계 곳곳으로 수출되었다가 야생으로 풀려나면서 현재는 프랑스, 벨기에 등 유럽 여러 나라에서 생태계를 위협하는 외래 침입종으로 취급되고 있다.《한겨레》 조홍섭 기자의 2017년 11월 24일 기사를 보면, 이런 나라들에서는 다람쥐가 라임병이라는 전염병을 옮기기 때문에 특히 문제가 된다고 한다. 프랑스 국립자연사박물관 소속 학자들이 2013년에 발표한 논문에 따르면, 프랑스에 퍼져 있는 다람쥐들이 한국 다람쥐라는 사실이 유전자 분석으로 밝혀지기도 했다.

다람쥐 잡이가 가장 유행하던 무렵 한국에서 많이 쓰이던 도구는 대나무 장대 끝에 작은 나일론 줄을 단 단순한 장치였다. 1977년 10월《경향신문》 기사를 보면 다람쥐는 재빨라 보이지만 무언가를 입에 넣느라 집중할 때는 이런 도구를 슬쩍 갖다 대기만 해도 목에 줄을 쉽게 걸 수 있었다고 한다. 심지어 다람쥐가 멋모르고 머리를 줄에 집어넣을 때도 있었다고 한다.

1980년대 이후 다람쥐를 잡아 파는 사업의 유행은 지나갔다. 그러면서 청설모가 다람쥐보다 나쁘게 여겨지게 된 두 번째 이유가 점점 더 중요해졌다. 나는 이 두 번째 이유가 청설모가 나쁜 동물이라는 누명을 쓰게 된 결정적인 원인이라고 생각한다. 그 원인이란, 청설모의 수가 급격히 늘어나면서 다람쥐보다 훨씬 흔한 동물로 취급되기 시작한 것이다.

과거 한국에서는 청설모가 지금처럼 흔한 동물은 아니었던 것 같다. 조선 시대 각 지역의 지리와 생산 물자를 정리한《동국여지승람》을 살펴보면 청설모 가죽이 생산되는 곳으로 주로 함경도, 평안도 등 북부 지방이 언급되어 있다. 그러고 보면 추위를 잘 견디는 청설모의 풍성한 털도 유독 추운 북부 지방의 기후와 잘 어울리는 특징이다. 그래서 나는 조선 시대까지만 해도 청설모가 주로 사는 지역은 한반도 북부였고, 중부나 남부 지역에는 지금보다 훨씬 적은 수가 살지 않았을까 짐작하고 있다.

객관적인 증거가 많지 않아 과학적으로 확신할 수 없는 추측이긴 하다. 하지만 《고려사》 1014년 음력 2월 8일 기록과 1018년 음력 1월 18일 기록에 철리국, 동여진, 서여진 등 북방 민족이 청설모 가죽을 고려 조정에 선물로 바쳤다는 내용이 나온다. 북방 지역에 살던 민족이 청설모 가죽을 선물로 가져왔다는 것을 보면 당시 고려의 중심지였던 한반도 중부나 남부 지역에서는 청설모를 쉽게 찾아볼 수 없었고, 북방 민족의 땅에서는 청설모가 흔한 특산물이었을 가능성이 크다. 하다못해 다람쥐는 순우리말인 반면, 청설모는 한자어에 뿌리를 두고 있다는 점에서도 예전에는 청설모가 우리에게 덜 친숙한 동물이었음을 짐작할 수 있다.

숲이 달라지자 청설모가 몰려왔다

그렇게 가정해보면 지금처럼 한국 각지의 숲이나 산, 공원 어디에서나 청설모를 자주 볼 수 있다는 사실은 과거와는 무척 다른 현대에 나타난 새로운 현상이라는 이야기다. 그렇다면 원래 사는 곳이 많지 않았던 청설모가 한반도 남쪽에서 갑자기 크게 늘어난 데에는 어떤 계기가 있었을 것이다. 그래야 예전과 달리, 다람쥐는 귀하지만 청설모는 흔하고 가치 없다는 관점이 사람들 사이에서 자리 잡을 수 있었을 것이다. 나는 그 계기가 20세기 중반 이후 전 국민의 노력으로 성공한 한국의 숲 만들기, 즉 산림녹화였다고 생각한다.

환경 보호에 대해 깊이 생각하지 않을 때 흔히 빠지기 쉬운 착각이 과거의 전통 방식으로 돌아가면 자연이 저절로 회복될 것이라는 믿음이다. 이런 생각은 현대 기술이 자연과 반대되는 것이며, 따라서 환경 파괴의 원인이 된다는 막연한 추측으로 이어지기도 한다. 나 역시 예전에는 그런 생각을 품었던 때가 있다. 기술은 인공적인 느낌을 주다 보니 자연의 적이라고 생각했고, 기술이 덜 발달했던 시절에는 자연도 더 싱그럽고 풍요로웠을 거라고 무턱대고 믿었던 것이다. 그러나 사실은 그렇지 않다.

환경을 보호하려면 진지한 관심과 꾸준한 노력이 필요하다.

자연을 정확히 이해하려고 하지 않으면 제대로 된 보호도 불가능하다. 단순히 옛 방식으로 되돌아간다고 해서 자연이 마법처럼 저절로 회복되는 일은 없다. 이런 사실을 가장 분명하게 보여주는 예시가 바로 한국의 숲, 한국 산속의 나무들이다.

한국의 산은 전통 방식으로 살아가던 조선 시대에 오히려 극심한 파괴를 겪었다. 반대로 20세기 중반 이후 과학기술을 바탕으로 국민 전체가 힘을 모은 결과, 산이 다시 살아날 수 있었다. 실제로 조선 말기 여러 기록을 보면, 당시 한국 산에는 나무가 부족했다는 내용을 어렵지 않게 찾아볼 수 있다.

특히 사람이 많이 사는 곳, 사람들 눈에 잘 띄는 지역의 산은 나무가 거의 없는 민둥산처럼 변한 곳이 굉장히 많았던 것 같다. 《조선왕조실록》 1799년 음력 2월 24일 기록을 보면, 이미 18세기 때부터 산림 황폐화로 전국 곳곳에 나무가 턱없이 부족하다는 문제가 지적되었다. 이 기록은 경상남도 창원 인근 지역을 예로 들어 설명하고 있다. 산 꼭대기까지 나무를 베어내고 농사를 짓다 보니 비가 올 때마다 모래와 돌이 빗물에 쓸려 내려오는 산사태가 발생했고, 그로 인해 홍수 피해가 더 커졌다고 지적하고 있다. 나무가 거의 없는 산에서 비롯된 생태 문제와 자연 재해가 조선 사람들의 경험담 속에 생생하게 드러나 있는 것이다.

그리고 이런 문제가 저절로, 공짜로 해결된 것은 아니었다.

1950년대 중반부터 산림 보호를 위한 투자가 본격적으로 이루어지고 기술 개발이 진행되면서 한국의 산은 점차 변하기 시작했다. 다양한 분야의 노동자들이 큰 관심과 노력을 쏟아부었고, 산림학자인 현신규 같은 대표적인 인물을 포함한 여러 과학기술인들이 숲을 빠르게 회복시킬 방법을 연구하고 실험하며 정말 열심히 일했다. 이 과정에서 과학기술은 자연의 반대말이 아니라, 자연을 이해하고 보호하기 위한 수단이자 중요한 방법이 되었다.

그렇게 해서 텅 비어 있던 한국의 산들은 나무로 가득 차기 시작했다. 산에 나무가 얼마나 많은지를 나타내는 지표로 임목축적량이라는 수치가 있는데, 산림청 자료에 따르면 1950년대에 6,000만m^3도 되지 않던 임목축적량이 2010년대에는 8억m^3까지 늘어났다. 60년 동안 모두가 함께 힘을 모은 덕분에 한국의 나무는 무려 13배 가까이 불어났다. 예전과는 완전히 다른 나라가 되었다고 할 정도로 산마다 나무가 가득 차면서 이제는 생명을 품을 수 있는 공간으로 변화했다. 이것은 20세기 한국인들이 세상에 자랑할 만한 멋진 성과다.

그런데 이렇게 나무가 갑자기 늘어나면 그 변화에 빠르게 적응할 수 있는 동물에게는 번성할 절호의 기회가 된다. 그렇다면 산속, 숲속에 깃들어서 나무 열매를 먹고 살아가는 청설모가 바로 그 기회를 잡았다고 생각해볼 수 있지 않을까?

과거 한국의 나무 심기 사업에서 활약한 현신규 박사의 대표적인 업적 중 하나는 리기테다소나무라는 신품종 소나무를 널리 퍼뜨리기 위해 힘쓴 것이다. 원래 리기다소나무와 테다소나무가 있었다. 리기다소나무는 척박한 땅에서도 잘 자라지만 성장 속도가 느리고, 테다소나무는 빠르게 자라지만 척박한 환경에는 약한 특성이 있다. 현신규 박사가 이 두 나무의 잡종을 보급하겠다고 연구했던 것이 리기테다소나무다.

리기테다소나무는 척박한 땅에서도 잘 자라며 그러면서도 빨리 자라난다. 이런 나무는 당시 민둥산이 널려 있던 한반도에서 빠르게 울창한 숲을 만드는 데 딱 좋았다. 또 예부터 소나무를 좋아하는 한국인의 문화적 특성을 고려했을 때, 리기테다소나무는 생김새 면에서도 사람들에게 호감을 샀을 것이다.

그래서 과거에 한국인들은 리기테다소나무를 무척 많이 심었다. 급한대로 리기테다소나무보다 효율이 떨어지는 리기다소나무도 많이 심었다. 가만 보면 이런 나무들은 모두 소나무 무리에 속하는 종류이고, 이 나무들이 맺는 솔방울은 청설모의 주요 먹잇감이 된다. 그러니 자연스럽게 청설모에게는 살기 좋은 환경이 만들어진 셈이다. 아울러 당시 한국에서는 소나무와 비슷한 생태적 특성과 외형을 지니면서도 열매는 사람이 먹을 수 있는 잣나무도 많이 심었다. 잣나무도 청설모에게 유리한 나무다. 잣 열매는 청설모가 가장 좋아하는 먹이 중 하나이기 때문이다.

한국인들이 산에 숲을 되살릴 때 소나무와 잣나무 등이 늘어난 속도는 지금 계산해보면 굉장히 빠른 수준이었다. 비교해보자면, 여러 나무들 가운데 아까시나무는 성장 속도가 빠르고 적응력도 뛰어나 예전에 흔하게 심던 나무다. 과거에 흔히 잘못된 이름인 아카시아나무라고 부르기도 하던 나무로, 꿀이 많이 나온다는 특징이 있다.

그런데 2005년 국립산림과학원 배상원 박사의 기고문에 따르면, 그 흔한 아까시나무를 심은 땅 면적을 모두 합치면 2,700km^2인데, 리기다소나무를 심은 면적은 무려 4,800km^2에 달했다. 잣나무를 심은 면적만 해도 3,200km^2에 이른다. 리기다소나무와 잣나무, 이 두 가지 나무를 심은 면적만 합쳐도 서울 전체 면적의 13배를 훌쩍 넘는 수준이다.

나는 아마도 이런 변화를 기회 삼아 함경도 등 북부 지역에 살던 청설모가 가까운 강원도를 거쳐 빠르게 중부 지역으로 이동했고, 그 이후 전국으로 급격히 퍼져나갔을 거라고 상상해본다.

실제로 국립공원공단의 김의경 연구원을 비롯한 여러 학자들도 연구 논문에서 산림녹화를 추진하면서 잣나무를 많이 심은 것이 청설모가 특히 빠르게 번성한 주요 원인 중 하나라고 언급했다.

만약 한반도에 소나무를 좋아하는 한국인이 아니라 단풍나무를 주로 심는 캐나다인이나 대나무를 선호하는 중국인이 살았다면, 나는 결코 청설모가 지금처럼 많아지는 일을 일어나지 않았을 거라고 생각한다. 그래서 한국의 숲에 대한 기록을 들여다보고 있으면, 나무를 심고 숲을 가꾸어 나라를 변화시킨 그 거대한 도전에서 청설모들 역시 한국인들과 함께한 동지 같다는 생각이 들기도 한다.

이러한 생태계의 급격한 회복 덕분에, 과거에는 다람쥐를 청설모보다 더 자주 보았을 중부와 남부 지역 주민들 역시 1980년대 이후부터는 청설모가 더욱 눈에 띄게 되었을 것이다. 청설모를 볼 때마다 굳이 수를 세어보는 사람은 거의 없을 테니 그저 '요즘은 청설모가 다람쥐보다 훨씬 더 많은 것 같다'는 인상이 남았을 것이다. 이런 인상이 쌓이다 보면 '다람쥐는 줄고 청설모만 늘었다'는 생각이 퍼지게 되고, 나아가 '청설모가 많아져서 다람쥐가 사라졌다'는 식의 해석도 나오게 된다. 말하자면 단순한 상관관계를 인과관계로 혼동하는 오류가 생긴 셈인데, 그 결과로 '청설모가 다람쥐를 잡아먹는다'는 말까지 퍼진 듯하다.

여기에 더해, 청설모가 급격히 늘어나는 동안 이에 대응할 뚜렷한 방법을 찾지 못한 농민들은 애꿎은 피해를 입었다. 잣나무나 호두나무를 재배하며 잣과 호두를 수확해 생계를 이어가던 농가에 청설모가 들이닥쳐 어렵게 키운 열매를 죄다 까먹어버린다고 생각해보자. 그 피해만큼 농민들의 살림살이는 힘들어질 것이다. 심지어 몸무게가 0.3kg 정도밖에 되지 않는 청설모 한 마리가 1년에 호두 40kg을 먹어 치울 수 있다는 무시무시한 소문까지 돌았다. 이런 이야기들이 더해지면, 청설모에 대한 부정적인 풍문과 평판은 더 빠르게, 더욱 널리 퍼질 수밖에 없다. 실제로 피해가 심각했던 2000년대 후반에는 잣과 호두 재배 농가를 돕기 위해 청설모를 사냥하는 사업이 자주 진행되었다. 그렇게 청설모는 '없애야 할 동물', '나쁜 동물'로 굳어졌을 것이다.

다행히 최근 조사 결과를 보면 청설모로 인한 농민 피해는 예전보다 확연히 줄어든 것으로 나타난다. 그동안 청설모를 관리하기 위한 연구가 조금씩 이루어졌고, 피해를 막기 위한 다양한 장치와 도구도 개발되어 실제로 효과를 내기 시작한 것이다. 이문호 선생의 기고문에서 환경부 자료를 인용한 내용에 따르면, 2006년 기준 전국의 호두 농가가 야생동물로 인해 입은 피해 금액은 무려 22억 원에 달했다. 그러나 이후 시간이 흐르며 상황은 달라졌다. 농림축산식품부와 농업정책보험금융원의 자료를 보면, 2018년에서 2022년 사이의 호두 피해는 연평균 약 8,000만 원 수준으로 줄었다. 이는 2006년 피해 금액의 4% 정도다.

물론 통계를 집계하는 방식의 차이나 해마다 달라지는 호두

수확량 같은 변수도 있으니 단순히 수만 보고 피해가 정확히 20분의 1로 줄었다고 단정 짓기는 어렵다. 그러나 적어도 청설모 피해가 예전처럼 걷잡을 수 없이 퍼져나가는 상황은 어느 정도 벗어난 듯하다. 조선 시대의 민둥산을 당연하게 여기던 시절과 달리, 지금은 숲이 우거진 산이 자연스러운 풍경이 된 것처럼 청설모 같은 야생동물에 대해서도 사람들의 생각과 적응이 조금씩 이루어지고 있다는 느낌이 든다. 잘만 하면 앞으로도 농민의 피해를 효과적으로 줄이면서 지금처럼 도시의 공원에서도 청설모를 어렵지 않게 마주치는 시대가 계속 이어질 수 있을 거라는 기대를 품어본다.

더 멀리 내다보면, 청설모와 다람쥐의 뚜렷한 차이 중 하나인 겨울잠에 대한 연구도 무척 재미있는 주제다. 왜 다람쥐는 겨울잠을 자는 반면 청설모는 그렇지 않을까? 그 생리적 차이를 과학으로 밝혀낼 수 있다면, 미래의 어느 날에는 그 기술을 사람이 자유롭게 활용할 날이 올지도 모른다.

예를 들어, 사람이 우주선을 타고 화성이나 목성처럼 먼 행성으로 향한다면 몇 개월 동안 좁은 실내에서만 지내야 한다. 이런 긴 우주 비행을 견뎌내기 위해 겨울잠을 잘 수 있다면 얼마나 유용하겠는가?

다른 관점에서 봐도 겨울잠은 아주 실용적인 생존 방식이다. 겨울잠을 자는 동안 몸에 축적된 지방을 사용하면 오랜 시간

생명을 유지할 수 있기 때문이다. 그래서 지방 연소와 체중 감량에 도움이 될 수 있는 비법을 다람쥐의 겨울잠을 연구해 찾아낼 수 있을 거라고 기대하는 과학자도 있다.

살펴볼수록 다람쥐의 겨울잠은 신비로운 현상이다. 잠이라고는 하지만 사실 다람쥐는 겨울 내내 깊은 잠에 빠져 있는 것이 아니다. 천천히 심장이 뛰고 피가 돌면서 온몸이 느리게 움직이는 상태로 지내는 것이다. 체온도 뚝 떨어지므로 살아 있지만 몸이 마치 돌덩이처럼 차가워지기도 한다. 다람쥐 입장에서 보면 자신의 몸이 느려진 게 아니라 세상이 갑자기 빠르게 흘러가 버리는 것처럼 느껴질 수도 있겠다는 상상도 해본다. 그렇게 며칠씩 깨어나서 먹이를 먹거나 꼭 필요한 일을 해치우고 다시 잠드는 과정을 반복하다 보면 어느새 긴 겨울은 지나가고 봄이 온다. 이렇게 지루할 새 없이 겨울을 지나 보내는 것이 다람쥐의 겨울잠이다.

도시 생태계 연구자 리암 셀딘Liam Seldin의 논문 등 여러 연구를 살펴보면 HP-20, HP-25, HP-27 등으로 이름 붙은 몇 가지 단백질 성분이 겨울잠 중인 다람쥐의 몸속에서 특이한 방식으로 어울려 반응을 일으키며, 겨울잠에 들 때와 깰 때의 체질을 완전히 바꿔주는 것 같다.

한국은 청설모와 다람쥐가 많고, 그 때문에 농가 피해가 고민거리였던 적도 있었기 때문에 오히려 겨울잠이라는 생리 현상을 연구하기에 적합한 조건을 갖추고 있다고 생각한다. 예를 들어, 청설모와 다람쥐가 많은 강원도 지역의 학교나 연구 기관에서 연구를 진행할 수 있도록 지원이 이루어진다면 좋을 것 같다.

혹시라도 숲을 가꿔가는 이 작은 동물들의 신비한 겨울잠 능력을 제대로 밝혀낼 수 있다면, 우리는 언젠가 그 재주를 이용해 우주를 넘어 다른 행성으로 나아갈 수 있을지 모른다.

5장

너구리 × 경기도

도시에서도
살아남는
생존 비법

신비로운 목소리의 정체

지금으로부터 약 1,400년 전인 6세기 중반, 신라에는 원광이라는 인물이 있었다. 원광은 머리가 좋고 두뇌 회전이 빨랐으며 전해지는 행적을 보면 여러 학문에도 밝았던 것 같다. 그런데 어떤 계기였는지, 그는 서른 살 무렵에 단순히 출세하고 부자가 되기보다는 인생의 진정한 의미에 대한 깊은 깨달음을 얻고자 하는 마음을 품게 된다. 《삼국유사》에 실린 이야기에 따르면 그 바람으로 그는 삼기산 깊은 곳으로 들어가 조용히 수도 생활을 시작했다.

그렇게 산속에서 생활한 지 4년이 지났을 때, 그 산에 또 다른 사람이 들어와 거처를 만들고 도를 닦기 시작했다. 그는 옛 사람들 사이에 널리 퍼져 있던 믿음대로 산속 깊은 곳에서 매일 열심히 수양하면 신통한 재주를 얻을 수 있다고 굳게 믿었다. 그래서 그는 원광과 달리 여러 가지 주술과 신통력을 깨우치는 데 집중하며 생활했다.

그리고 다시 2년이 흘렀다. 어느 날 밤, 원광이 홀로 공부하고 있는데 갑자기 어디선가 신비로운 목소리가 들려왔다. 형체에 대한 묘사가 없는 것으로 보아 그것은 모습을 드러내지 않고 오직 소리로만 뜻을 전한 것 같다. 어쩌면 원광이 꿈결처럼 그 목소리를 들었는지도 모른다. 그 소리는 대략 이런 뜻이었다.

"그대가 깨달음을 얻기 위해 공부하는 것은 매우 바람직하다. 그러나 산에 들어온 다른 사람이 잡다한 주술을 얻으려 애쓰는 것은 올바르지 못하다. 그에게 주술이나 신통력을 얻기 위한 생활을 그만두라고 전하라. 이대로 두면 내가 죄 짓는 일을 하게 될까 걱정되는구나."

원광은 이를 이상하게 여겼지만 신통력을 연마하던 사람에게 자신이 들은 것을 전했다. 걱정스러워하며 계속 산에 머물다가는 무언가 안 좋은 일이 생길지도 모른다고 말했다. 그러나 그 사람은 원광의 말을 비웃었다. "무슨 잡귀에 홀린 것 아니오?"라며 대수롭지 않게 여겼던 것 같다.

그러자 그날 밤, 다시 그 이상한 목소리가 들려왔다. 목소리는 조용히 말했다. 자신이 앞서 경고한 바를 직접 보여줄 테니 잘 지켜보라는 것이었다. 얼마 지나지 않아 천둥이 치는 듯한 굉음이 산속을 뒤흔들었다. 깜짝 놀란 원광이 바깥을 내다보니 산에서 갑자기 산사태가 일어난 것이었다. 신통력을 노리고 산에 들어왔던 사람은 산사태에 휘말려 한순간에 목숨을 잃고 말았다. 원광은 이 모든 일이 신비로운 목소리의 주인이 벌인 일이라고 생각했다.

그때 다시 그 목소리가 들려왔다.

"내가 한 일을 보니 어떤 느낌이 드느냐?"

"매우 놀랍고 두렵습니다."

그러자 그 목소리는 자신에 대해 소개했다.

"나는 3,000년이라는 긴 세월을 이 세상에서 살아왔다. 그 시간 동안 조금씩 여러 지식을 깨우쳤고 그것들이 쌓여 지금은 온갖 신비로운 재주를 부릴 수 있게 되었다. 그래서 이런 일들을 마음먹은 대로 할 수 있는 것이다."

그 목소리는 원광이 앞으로 어떻게 살아야 할지에 대해서도 이야기해주었다.

"그대가 이 산에서 계속 지낸다면 그대 한 사람은 삶에 대한 깊은 깨달음을 얻고 평안히 살 수 있을 것이다. 그러나 만약 이곳을 떠나 서쪽의 중국에 가서 더 많은 지식을 배우게 된다면 그대는 훨씬 더 많은 사람에게 좋은 생각을 전하며 세상을 크게 이롭게 할 수 있을 것이다. 왜 더 많은 것을 배울 수 있는 곳으로 떠나지 않는가?"

"말씀은 감사합니다만, 제가 어떻게 외국까지 가서 무엇인가를 배워올 수 있을지 모르겠습니다."

그러자 신비로운 목소리는 원광에게 중국에 건너갈 수 있는 방법을 알려주었다. 원광은 정말로 그 말대로 했고, 중국에 건너가 다양한 지식을 배워올 수 있었다고 한다.

살펴보면 이 신비로운 목소리는 꼭 혼령이나 산신령처럼 등장하지만, 정작 원광에게 해준 일은 마치 유학 상담을 해주거나 장학금을 안내하는 장학 재단 담당자처럼 느껴지는 점이 재미있다.

원광이 중국에 건너가 그곳에서 공부하고 다시 신라로 돌아오기까지 11년의 세월이 흘렀다. 어느덧 원광도 나이가 들었다. 고향에 돌아온 그는 다시 삼기산을 찾았다. 그리고 옛날의 그 목소리를 만나려고 했다. 목소리는 원광을 반갑게 맞아주었다. 그러자 원광은 목소리에게 부탁했다.

"제가 당신의 진짜 모습을 볼 수 있겠습니까?"

그 말에 신비로운 목소리는 짧게 대답했다.

"내일 아침 동쪽 하늘을 보라."

다음 날 아침, 원광은 동쪽 하늘을 바라보았다. 그러자 하늘에 거대한 팔뚝 하나가 떠 있었다. 그 크기가 너무나 거대해서 구름을 꿰뚫을 정도였다고 한다. 그러니 그 신비로운 목소리의 주인은 몇 킬로미터, 몇십 킬로미터쯤은 족히 되는 웬만한 산보다도 훨씬 큰 어마어마한 거인이었다는 이야기다.

며칠 뒤 신비로운 목소리가 다시 원광 앞에 나타났다. 그 목소리는 이제 자신이 속세에 머물 수 있는 시간이 다 되어간다고 말했다. 이야기의 흐름으로 보면, 이 알 수 없는 거대한 신령은 애초부터 원광이 세상 사람들에게 널리 깨달음을 전하게 하는 일을 자신의 마지막 역할로 여겼던 것 같다. 이제 그 일이 완성되었으므로 더 이상 세상에 머물 이유가 없다는 듯 이렇게 말했다.

"나는 몸이 있으나 무상無常의 해害는 면치 못하였다. 그대는 내가 떠나가거든 배웅을 해달라."

그 말인즉 3,000년이라는 긴 세월 동안 세상 모든 것을 다 깨우치고, 하늘을 뒤덮을 만큼 거대한 몸집을 갖게 되었을지라도 시간이 흐르면 결국 삶은 끝나고 허무하게 세상을 떠나는 운명은 피할 수 없다는 이야기다. 그리고 그 목소리는 이제 삶의 진정한 의미를 깨달았을 원광에게 자신이 세상을 떠나는 순간을 지켜봐달라고 부탁했다.

원광은 그 목소리가 말한 시간에 알려준 장소로 배웅하러 간다. 과연 그곳에는 무엇이 있었을까? 엄청난 크기의 거인이 앉아 있었을까? 우주에서 가장 아름다운 신비한 종족이 누워 있었을까? 그곳에는 작은 짐승 하나가 초라하게 죽은 채 누워 있었다고 한다.

어딘가 서글프면서도 동시에 이상하게 무서움이 느껴지는 이야기다. 다시 이야기를 돌아보면, 원광에게 말을 걸었던 목소리의 정체는 다름 아닌 3,000년 묵은 작은 산짐승이었다. 옛 사람들의 사고방식대로라면 시간이 흐를수록 지혜는 깊어져 결국 현명해지기 마련이다. 비록 산짐승일지라도 수천 년을 살며 온 세상을 떠돌고 별별 것들을 배우다 보면 어느 순간 사람보다 더 많은 지혜를 품게 될 것이다. 그렇게 이 산짐승은 사람의 말을 익히고 정체를 감춘 채 사람과 소통하는 법을 터득했으며, 원할 때마다 산을 무너뜨릴 만큼 강력한 술법까지도 익혔다.

하지만 결국 그 산짐승은 깊은 허무감에 빠지게 된다. 오랜 세월을 살며 수많은 지식과 재주를 쌓았지만 그래 봐야 한세상 살고 나면 세상을 떠나는 것은 마찬가지다. 10년을 살든 100년을 살든, 삶이 끝나면 영원하고 무한한 죽음이 찾아온다. 도대체 삶을 왜 살아야 하는지에 대한 명쾌한 답은 없고, 죽음은 두렵기만 하다. 그래서인지 이런 허무감은 오히려 이 산짐승이 온갖 재주와 지식을 지녔기에 더욱 깊게 다가왔을 것이다.

그런데 그 산짐승은 어느 날 원광이라는 인물을 알게 된다.

가만 지켜보니 그가 조금만 더 성장하면 자신조차 깨닫지 못한 삶의 의미에 닿을 수 있을 것처럼 보인다. 그래서 산짐승은 그가 진정한 깨달음을 얻을 수 있도록 여러 방식으로 돕기 시작한다. 그리고 마침내 원광이 긴 여정을 마치고 깨달음을 얻어 돌아왔을 때, 산짐승은 자신이 여전히 제자리라는 사실을 깨달으면서 죽음을 맞이한다. 마지막 순간에도 산짐승은 초라한 자신의 본모습을 드러내는 것을 부끄러워한다. 그래서 환영을 만들어 스스로를 포장하고, 원광에게 화려한 모습으로 과시한다.

그러나 그가 세상을 떠났을 때 남겨진 진짜 모습은 어느 산길에 누워 있는 한 마리 작은 짐승일 뿐이었다. 가만 보면 이 이야기는 세상에 아무리 이름난 영웅호걸이거나 부유하고 존귀한 사람일지라도 마찬가지라는 것을 말해준다. 거대한 동상을 세워 찬양받던 독재자라도, 웅장한 건물을 짓고 수많은 사람을 거느렸던 기업의 회장이라도, 세상을 떠나고 나면 결국 한 줌의 흙으로 돌아갈 뿐이다. 그런 점에서 산골 한 켠 아무도 관심 두지 않는 곳에서 쓸쓸히 생을 마감한 작은 산짐승과 다를 바 없다.

나는 이 이야기를 좋아했다. 산짐승이 보여준 신비한 모습도 인상 깊었다. 그래서 《한국 괴물 백과》에도 이 이야기를 넣었고, 여러모로 이 이야기에 대해 생각해봤다.

일단 이야기에 등장한 산짐승은 도대체 무슨 동물일까? 《삼국유사》에는 이 짐승이 검은 여우였다고 되어 있다. 《해동고승전》에 실린 내용은 조금 더 자세한데, 이 동물은 독흑리禿黑狸였다고 한다. '독禿'은 머리카락이 빠졌다는 뜻이고, '흑黑'은 검다는 뜻이다. '리狸'는 요즘 한자 사전을 찾아보면 살쾡이나 너구리를 뜻한다고 나온다. 그래서 이 산짐승은 '머리카락이 빠진 검은 살쾡이'라고 번역한 글도 종종 보인다.

그러나 나는 이 동물이 너구리였을 가능성이 크다고 생각한다. 일단 《삼국유사》에 이 동물의 정체가 여우였다고 기록되어 있는 걸 보면, 생김새가 여우로 착각할 수 있는 동물이었을 것이다. 그런데 살쾡이는 고양이처럼 생긴 고양잇과 동물이고, 너구리와 여우는 둘 다 갯과 동물이다. 따라서 살쾡이와 너구리 중에서 여우와 더 비슷한 쪽을 고르자면 아무래도 너구리다.

색깔이 검다는 점 역시 이 동물이 너구리였을 가능성을 높여준다. 《삼국유사》에 나온 대로 이 동물이 검은 여우라고 보기에는 한반도에 사는 여우가 검은색 털을 지닐 확률은 그리 높지 않다. 한반도의 여우는 정식 학명으로 불페스 불페스 *Vulpes vulpes*라고 불리는 종이며, 영어로는 붉은여우red fox라고 한다. 이름처럼 털색은 주로 붉은색에 가까운 주황색이나 황토색을 띤다. 반면 한반도의 너구리는 전체적으로 털색이 어두운 편이다. 회색, 황색, 갈색이 섞인 바탕에 점박이 무늬나 줄무늬가 있는 살쾡이와도 뚜렷하게 구별된다.

게다가 너구리는 어릴 때 온몸이 새까맣다. 만약 강아지처럼 생긴 검고 작은 동물을 산에서 봤다면 같은 갯과 동물인 여우가 검은색으로 나타난 것이라 착각할 수도 있지 않을까? 너구리는 자라나면서 눈 주위에 흰 무늬가 생기고, 그 과정에서 얼굴 털색이 바뀌며 특유의 꺼벙하고 장난기 어린 얼굴로 변한다. 검은 몸을 가진 너구리가 성장하면서 얼굴에 흰 털이 유난히 많이 돋았다고 상상해보자. 그 모습을 본 사람이 독흑리, 즉 머리털이 빠진 검은 너구리라고 착각할 수 있지 않을까?

더군다나 옛날 한국에서는 순우리말인 너구리를 한문으로 어떻게 옮겨야 할지 몰라 혼란이 있었던 것으로 보인다. 현대의 한자 사전에서는 너구리를 '리狸'라는 한자로 흔히 표기하지만, 《동의보감》에는 너구리에 해당하는 한자를 '환貛'으로 적고 있다. 이 글자는 현재는 오소리를 뜻할 때 사용된다. 그런가 하면 《훈몽자회》 같은 조선 중기의 한자 사전에서는 '달獺'이나 '빈獱' 같은 글자를 너구리를 가리키는 한자로 소개하고 있는데, 이 글자들 역시 오늘날에는 수달을 가리키는 데 쓰인다. 참고로 현대 중국어에서는 '맥貉'이라는 전혀 다른 글자를 너구리라는 뜻으로 사용하고 있다.

그래서 한글이 없던 삼국 시대에 원광에 대한 이야기를 처음 들은 누군가가 너구리라는 짐승을 한자로 어떻게 표현해야 할지 몰라 그냥 색은 검고 여우를 닮은 동물이라는 생각에서 검은 여우라고 풀어서 썼고, 그것이 전해 내려왔을 가능성도 있다고 추측해본다.

내가 이 이야기의 주인공이 너구리라고 생각하는 또 다른 이유는 최근 실제로 털이 빠지는 병에 걸린 너구리가 종종 발견되고 있기 때문이다.

한국은 너구리 천국?

21세기인 지금, 너구리는 수도권을 비롯해 전국 각지의 도시 외곽이나 공원에서 자주 목격될 만큼 사람 주변에 흔한 야생동물이다. 그런데 경기도 야생동물 구조관리센터의 의견을 인용한《국민일보》박재구 기자의 기사를 보면, 너구리가 경기도 도시 지역에 자주 나타나는 이유 중 하나는 털이 빠지는 병에 걸려 몸이 약해지고, 산속에서는 도저히 살아갈 힘이 없게 되어 지친 채로 도심까지 내려오는 경우가 많기 때문이라고 한다.

너구리의 털이 빠지는 병은 개선충이라는 기생충 때문이다. 발음만 들으면 개가 걸리는 선충처럼 들리지만, 여기서 한자인 '개疥'는 옴을 뜻하는 말이다. 한국어 표현 중에 "재수 옴 붙었다"라는 말이 있는데, 이때의 옴이 바로 이 기생충에 감염된 상태를 가리킨다. 개선충이 피부에 자리 잡으면 굉장히 가렵고 치료도 잘되지 않아 생활이 아주 짜증스러워진다. 그래서 "재수 옴 붙었다"라는 말은 원래 옴처럼 끈질기고 지독하게 귀찮은 상태를 비유해 '정말 재수 없는 상황'을 뜻하게 된 표현이다.

그러므로 개선충은 사람은 물론 온갖 동물들도 다 감염되는 기생충이다. 사람은 감염되더라도 약을 바르거나 깨끗이 씻는 등으로 어느 정도 치료할 수 있다. 하지만 너구리 같은 야생동물은 옴에 걸려 증상이 심해지면 스스로 낫기 어렵다. 온몸으로 옴이 번지면 너구리는 계속해서 몸을 긁게 되고, 그 괴로움 때문에 제대로 움직이기도 힘들어진다. 또 이곳저곳 털이 빠지고, 그러다 보면 산에서 사냥하며 살아가는 것도 점점 힘겨워진다. 결국은 먹을 것을 찾아 쓰레기통이라도 뒤져보려고 사람이 사는 도시 가까이까지 내려오게 된다. 그러므로 도시에서 너구리를 만나면 아무리 신기해도 함부로 만져서는 안 된다. 자칫하면 개선충이 옮아 진짜 옴 붙을지도 모른다.

어쩌면 1,400년 전 원광이 보았던 이상한 짐승도 사실은 병이 깊어져가던 너구리가 아니었을까? 《삼국유사》에 따르면 원광은 언제나 밝은 표정으로 미소를 띠었다고 한다. 그렇다면 길을 잃고 지친 너구리가 너그러운 원광을 알아보고 찾아 나섰다가 결국 그 앞에서 숨을 거두었다고 상상해보자. 그리고 원광이 그 애처로운 산짐승의 죽음을 보고 삶과 죽음에 대해 깊이 생각했던 일이, 시간이 지나면서 전설 속에서 신비롭게 변화해 마치 독흑리가 굉장한 요술을 부리는 이야기로 전해지게 된 것은 아니었을까?

21세기 한국에서 너구리가 자주 발견되는 이유에 대해서는 조금 색다른 의견도 있다. 농림수산검역검사본부의 양동군 연구원은 한 기고문에서 한때 한국에서도 너구리를 농장에서 여러 마리 기르며 수를 불리는 사업이 있었다고 소개했다. 그리고 그렇게 길러지던 너구리들이 탈출하면서 지금 한국에 사는 너구리들 중 일부가 되었을 가능성이 있다고 전했다.

너구리 가죽은 옷이나 모자 같은 모피 제품을 만드는 데 사용할 수 있다. 바로 그런 용도로 사람들이 너구리를 기르던 시기가 있었고, 이후 너구리 농장의 운영이 어려워지면서 관리가 제대로 되지 않자 너구리들이 산으로 탈출했다는 것이다.

이런 일이 얼마나, 어떻게 일어났는지 정확히 알 수 있는 자료는 부족하다. 하지만 충분히 있을 법한 이야기다. 실제로 1920년대 후반 소련 당국은 너구리 가죽이 돈이 된다고 판단해 원래 한국, 중국, 일본, 베트남 그리고 러시아 일부 지역에만 살던 너구리를 유럽으로 데려가 일부러 퍼뜨린 적이 있다. 원래 너구리는 유럽에 살지 않던 동물이었다. 그런데 소련에 퍼뜨린 너구리들이 관리되지 않은 채 퍼지면서 지금은 동유럽과 핀란드 등 북유럽 지역까지 마구잡이로 번져 살고 있다. 이들 나라에서는 현재 너구리를 생태계를 해치는 외래 침입종으로 간주하며 제거해야 할 골칫거리로 취급하고 있다.

서울대학교 수의과대학 민미숙 교수의 2012년 연구보고서를 보면, 한국 너구리의 계통을 분류하기 위해 전국 곳곳에서 발견된 너구리들의 미토콘드리아 DNA 일부를 분석한 결과가 잘 정리되어 있다. 그런데 재미난 점은, 이 분석 결과에 따르면 한국 너구리는 이웃인 중국 너구리보다 오히려 핀란드에 사는 너구리와 계통이 더 가까운 것으로 나타났다. 이 결과는 과거에 가죽 품질이 좋다고 평가받았던 어떤 너구리 품종이 한국 농가에 퍼져 있었고, 동시에 소련 사람들에 의해 유럽으로도 퍼져나갔다는 추측과 묘하게 들어맞는 느낌을 준다. 그러나 다른 분석에서는 이런 계통이 꼭 들어맞지 않는 결과도 나오기 때문에 이 사실만으로 단정할 수는 없다.

그렇지만 2012년 한라산연구소가 제주도에서 너구리를 발견했을 때도 과거 농장에서 탈출한 너구리일 거라고 발표한 적이 있다. 거슬러 올라가면 1985년 9월 《경향신문》 기사에서도 농가 부업을 소개하면서 여우 사육과 함께 너구리 사육을 언급한 적이 있다. 그렇다면 한때 사람이 기르던 몇몇 너구리가 탈출해서 현재 한국 너구리의 일부가 되었을 가능성도 충분히 있다. 상상일 뿐이지만, 혹시 지금 도시에 나타나는 너구리들은 예전 농장에서 지내던 때를 어렴풋이 기억하는 것은 아닐까? 그래서 사람을 보면 농장 주인이 떠올라 사람이란 언제나 먹을 것을 갖고 있는 부유한 동물이라고 생각하는 건지도 모른다.

소련 사람들이 일부러 너구리를 유럽으로 옮겨 퍼뜨리려 했던 사실에서 짐작할 수 있듯, 너구리는 전 세계적으로 그렇게 널리 퍼진 동물은 아니다. 일본에는 일본 너구리가 살고 있어서 일본인들 사이에서는 변신을 잘하는 짐승이라는 전설이 많이 전해 내려오기는 한다. 일본 너구리는 한국 너구리와 거의 비슷하면서도 약간 다른 모습을 하고 있다. 그래서 일본 학자들 중에는 일본 너구리를 다른 종으로 구분해야 한다고 주장하는 사람도 있다.

그렇게 보면 한국에 사는 너구리는 한반도와 중국 동북부에 주로 살고 있는 동물이라고 할 수 있다. 즉 너구리가 살아가는 지역의 중심이 사실상 한국이라고 봐야 한다. 그런 만큼 예로부터 한국에서는 너구리 가죽을 다양한 용도로 활용해왔다. 《가죽문화재 식별분석 공동연구서》라는 자료에는 전자현미경으로 조선 시대 유물들을 관찰한 결과가 실려 있다. 임금의 상징인 옥새를 담는 함의 끈이나 조선의 장군들이 쓰던 투구에 너구리나 밍크 같은 동물의 가죽이 사용되었다는 것이 확인되었다. 만약 그것이 실제로 너구리 가죽이라면, 너구리는 한국인을 대표한 임금과 한국을 지키는 장군을 상징하는 동물이라고 할만하다.

또 한 가지 묘한 점은 현대 중국에서 너구리를 뜻하는 한자인 '맥貊'이라는 글자가 동물뿐만 아니라 민족을 가리키는 말로도 쓰인다는 것이다. '맥족'이나 '맥인'이라고 하면 고구려 사람을 의미하는 경우가 많다. 예를 들어 《한서》〈왕망전〉에는 "맥인이 난리를 일으켰다"라는 구절이 나오는데, 이 사건은 고구려인과의 충돌로 해석되곤 한다. 비슷한 시기의 사건을 다룬 《삼국사기》〈고구려본기〉에는 맥인이라는 한자가 약간 다르게 표기되어 나온다. 이런 점들을 고려하면, 한국인과 너구리의 관계가 더욱 가까워 보인다. 중국인들 눈에 고구려인이 너구리 민족처럼 보였다는 말이 아닐까?

산책하다 마주치는 야생동물

너구리는 겨울잠을 자는 동물로 알려져 있지만, 요즘 한국 학자들은 한국 너구리는 깊은 겨울잠에 빠지는 경우가 거의 없다고 보고 있다. 그렇다면 너구리는 겨울잠을 자는 동물인데, 왜 한국 너구리는 겨울잠을 자지 않을까? 이런 점도 어쩐지 야근에 시달리며 잠이 부족한 한국인과 닮은 느낌이다.

너구리와 자주 혼동하는 동물로는 아메리카 대륙에 사는 라쿤이 있다. 라쿤은 얼굴 생김새가 너구리와 꽤 비슷하지만 몸은 전혀 다르게 생겼고, 계통도 너구리와 관련이 없다. 라쿤을 아메리카너구리라고 번역해 부르기도 하지만, 라쿤은 갯과 동물도 아니고 아메리카너구리과라는 분류에 속한다. 한국 동물 중에서는 차라리 족제비 쪽에 더 가깝다.

너구리의 발 모양은 개 발바닥과 비슷하게 생겼지만, 라쿤의 발은 나뭇가지를 붙잡고 나무를 오르기에 적합한 족제비 발과 더 닮았다. 그래서 라쿤은 앞발을 손처럼 사용해 무언가를 붙잡는 동작을 잘하지만, 너구리의 앞발은 그런 동작을 하기 어려운 구조다. 관찰하다 보면 금방 구분할 수 있는 차이도 있다. 라쿤, 즉 아메리카너구리는 꼬리에 줄무늬가 있지만, 너구리 꼬리에는 그런 무늬가 없다.

그런데 얼굴이 워낙 비슷하게 생기다 보니 만화, 동화, 그림, 광고, 영화, 마스코트 등에서는 아메리카너구리를 그려놓고 너구리라고 부르는 경우가 많다. 특히 할리우드 영화에 라쿤이 나와도 자막에서 대충 너구리라고 번역해버릴 때가 많다. 영화 〈가디언즈 오브 갤럭시〉에 나오는 로켓이라는 캐릭터도 실제로는 너구리가 아닌 라쿤, 즉 아메리카너구리다.

두 동물을 비슷하게 보는 것은 한국인이나 중국인만의 생각이 아니다. 원래 너구리가 살지 않던 영어권 사람들은 한국과 중국에 사는 너구리를 영어로 라쿤 독raccoon dog이라고 부른다. 라쿤이긴 한데 개에 가까운 라쿤이라는 뜻이다. 한국에서는 라쿤을 아메리카너구리라고 번역하지만, 반대로 미국에서는 너구리를 라쿤 개라고 부르는 셈이다. 한국에서 너구리가 도시에 나타나면 대체로 반갑고 귀엽게 여겨지는 것처럼 미국에서도 아메리카너구리를 일부러 키우는 사람이 있을 만큼 꽤 인기 있다.

한국 너구리가 갯과 동물이라는 점에 좀 더 주목해보면, 개와 비슷한 습성 덕분에 도시에 자주 나타나는 이유도 짐작할 수 있다. 너구리는 개보다 훨씬 더 아무거나 잘 먹는 잡식성 동물이다. 계절 따라 열매를 따 먹고 벌레나 작은 동물을 사냥하기도 하며 기회만 되면 물고기도 먹는다. 여차하면 식물 뿌리까지 파먹고, 먹을 게 없으면 썩은 고기도 마다하지 않는다. 이처럼 너구리는 음식에 대해 까다롭지 않기 때문에 한국의 산과 들 어디서든 살아남을 수 있고, 도시 환경에도 잘 적응해 살아가는 것이다.

당연히 도시 인근 야산에서도 너구리는 잘 적응한다. 그러다 근처 쓰레기통 속 음식물 쓰레기나 도시 주변에서 쉽게 구할 수 있는 먹을거리를 발견하면 너구리는 자연스럽게 도시 안쪽까지 발을 들이게 된다. 가만 보면 수도권의 도시 공원이나 산책로는 강아지들이 다니기 좋게 되어 있는데, 그 말은 곧 너구리도 다니기 좋은 환경이라는 뜻이다.

너구리는 혼자보다는 가족끼리 네댓 마리가 함께 다니는 습성이 있다. 독일의 생태학자 힌리히 졸러Hinrich Zoller 등의 연구에 따르면, 너구리 수컷과 암컷은 짝을 이루면 새끼를 낳고 기르는 기간 동안 쭉 함께 지낸다. 둘이서 새끼를 같이 보호하고 양육하는 모습은 동물 세계에서는 보기 드문 습성이다. 이런 점 때문에 너구리는 가족애가 깊은 동물로 여겨지기도 한다. 그래서 신혼부부에게 "너구리 같은 사랑을 하라"라는 말은 꽤 근사한 덕담이 된다.

너구리의 조금은 특이한 습성 중 하나는 여러 마리가 함께 화장실로 쓰는 특정 장소를 정해놓고 그 공간을 중심으로 서로 교류하는 행동을 보인다는 점이다. 만약 학창 시절 쉬는 시간마다 함께 화장실에 가던 친구가 있다면 '너구리 친구'라고 불러도 좋겠다.

또한 너구리는 야행성 동물의 특성을 잘 나타내는 동물이다. 밤이 되면 사람들의 눈을 피해 움직이며 먹이를 찾아 나선다. 그러다 한번 제대로 먹을거리를 발견하면 무리끼리 모여 밤새 잔치를 벌이기도 한다.

나도 도시의 산책로에서 너구리를 본 적이 있다. 그때도 밤이 꽤 깊은 시간이었다. 처음에는 주변에 너구리들이 있는 줄도 모르다가 뒤늦게 깨달았는데, 정신을 차리고 주변을 둘러보니 달빛 아래에서 어른 너구리와 새끼 너구리들이 소리 없이 조용히 모여들어 나를 올려다보고 있었다. 그저 산짐승 몇 마리를 본 것이라고 할 수도 있겠지만, 전혀 예상하지 못했던 일이었기에 현실과 꿈의 경계가 흐려진 듯한 마법 같은 순간으로 기억에 남아 있다.

낮에는 활동을 거의 하지 않는 너구리는 주로 땅이나 바위 틈에 있는 굴을 집 삼아 느긋하게 낮잠을 잔다. 천연덕스럽게도 여우나 오소리가 파놓은 굴에 슬그머니 들어가 자기 집처럼 차지하기도 한다.

생태학자 최태영 박사의 연구를 보면 너구리는 꼭 굴에서만 사는 건 아니며 날이 너무 더울 때는 그늘 아래에서 낮잠을 자기도 한다. 한 굴에서 몇 주 머물다가 다른 굴로 옮기고, 몇 주 뒤 다시 원래 굴로 돌아오는 식으로 생활하는 경우가 많다. 그 사이 비어 있던 굴에 다른 너구리가 들어와 사는 일도 흔하다. 이런 모습을 보고 있으면 아파트값이 오르내림에 따라 여기저기 이사 다니고, 한 아파트에 전세를 놓은 채 다른 아파트에 들어가 사는 한국인들의 모습이 떠오른다.

2020년대에 들어서면서 수도권의 여러 도시, 특히 아파트 단지 근처에서는 길고양이를 위해 사료를 놓아두는 사람들이 많아졌다. 그런데 이 사료는 잡식성이 뛰어난 너구리에게 발견되면 모두 너구리의 먹이가 될 수 있다. 그래서인지 수도권에서는 공원이 아닌 아파트 단지 안에서 너구리가 돌아다니는 모습이 간혹 보도되고 있다.

경기도와 서울 남부에 흐르는 양재천은 1990년대 후반부터 도시 속 너구리 출몰지로 유명한 곳이다. 1998년 9월 《조선일보》 기사에 따르면, 당시 아파트 주민들 사이에서 너구리가 너무 익숙해진 나머지 '너구리가 살이 찌지 않도록 먹이를 주지 말자'는 이야기가 나올 정도였다. 이처럼 너구리는 삼국 시대의 산길에서 마주치던 동물이면서 21세기 대한민국의 도시에서도 여전히 우리 곁에 살아가고 있는 동물이다.

조금 다른 이야기지만, 나는 지역 공동체에서 동물을 함께 돌볼 수 있는 넓고 열린 공원 같은 공간이 잘 운영된다면 참 좋을 것이라고 생각한다. 신경 써서 제대로 관리만 된다면, 개인이 무책임하게 동물을 기르거나 특정 동물에만 과도하게 집착하는 일보다 공동체가 함께 책임감을 가지고 동물을 돌보는 방식이 훨씬 더 얻는 게 많지 않을까?

세계 여러 도시 중에는 그곳에서 기르는 동물이 유명해지면서 지역의 상징이 된 사례가 여럿 있다. 뉴질랜드 최대 도시인 오클랜드에는 원트리힐이라는 잘 알려진 공원이 있다. 이 공원은 넓은 부지에 양을 풀어놓고 길러서 많은 사람이 찾아와 뉴질랜드 시골 농장 같은 풍경을 즐긴다. 일본의 나라라는 도시에도 사슴이 많기로 유명한 공원이 있다. 조금 성격이 다른 예로 미국 샌프란시스코의 부두 식당가 주변이 있는데, 이곳에서는 캘리포니아바다사자가 모여 쉬고 있는 모습을 볼 수 있어서 관광객에게 꼭 봐야 할 명소로 꼽힌다.

이런 식으로 지역 사람들이 함께 동물을 기르고 보호하는 넓은 공간을 만들어 꾸준히 예산을 들여 잘 관리한다면 한국에서도 무척 가치 있는 장소로 키워나갈 수 있지 않을까? 사람들이 부담 없이 자유롭게 오가면서 동물을 가까이에서 만날 수 있는 열린 공간이 된다면, 그곳은 보통의 공원을 넘어서는 특별한 의미를 지닌 장소가 될 것이다.

무엇보다도 단순히 구경거리로 동물을 붙잡아두는 게 아니라, 야생에서 살아남기 어려운 다친 동물, 사고를 당한 동물, 나이가 많은 동물을 보호하는 공간으로 운영한다면 그 자체로도 뜻깊은 일이 될 거라고 생각한다. 화장품 제조나 약 개발을 위한 각종 실험에 동물을 사용하는 경우가 있는데, 그런 실험이 끝나면 그 동물을 처분해야 할 때가 생긴다. 이럴 때 곧바로 목숨을 빼앗는 대신 그 동물이 여생을 보낼 수 있는 공간으로 시민들을 위한 동물 사육 시설을 운영하는 것도 좋은 방법일 수 있다. 또는 주인이 기르다 버린 동물들 중에서 지역 상황에 맞는 동물을 선별해 돌보는 방식으로 운영할 수도 있겠다. 이런 형태의 시설을 동물 안식처sanctuary라고 부르는데, 한국에도 이미 몇 군데 있다. 그와 비슷한 공간을 지역 공동체에서 운영하는 방식도 나는 좋다고 생각한다.

단순히 지역 명물이 하나 더 생기는 데 그치는 게 아니라, 나는 이런 활동이 우리에게 크게 세 가지 중요한 도움을 줄 수 있다고 본다.

첫째, 지역 주민과 방문객 누구나 언제든 동물을 가까이서 접할 수 있어 자연에 대한 관심과 생명 존중 의식을 이끌어낼 수 있다. 안전한 공간에서 다양한 동물이 뛰노는 모습을 보며 느끼는 평화로운 감정은 그 자체로 소중하고 교육적인 효과도 크다.

둘째, 공원 환경에서 특수한 사정에 처한 동물들을 돌보는 일은 가치 있는 보호 활동이 된다. 더 나아가 동물에 대한 우리의 이해를 높일 수 있는 기회가 될 수 있다.

셋째, 지역 주민들이 함께 의논하고 협의하며 공동으로 동물을 돌보는 일을 하다 보면 자연스럽게 협력과 연대의 분위기를 만들 수 있다는 점도 나는 상당히 중요하다고 생각한다.

요즘 세상에서는 자신이 어느 시, 어느 군에 산다 해도 그 지역 활동과 내 삶이 무슨 상관이 있느냐고 무관심해지는 일이 흔하다. 하지만 만약 동물을 보호하는 공원이 생겨서 많은 사람들이 함께 관심을 갖게 된다면, 그게 지역 공동체에 주민들이 참여하도록 하는 계기가 될 수 있다. 나아가 지역에서 동물을 기르고 보호하는 일을 의미 있는 봉사활동 프로그램으로 발전시키는 것도 가능할 것이다.

새로 조성한 공원에 거대한 기념탑 하나를 세우는 것보다 "어느 공원에 가면 어떤 동물들이 편안하게 사는 모습을 볼 수 있다더라" 하는 이야기가 자연스럽게 나오는 장소를 만드는 게 훨씬 개성 있고 의미 깊은 일이 아닐까? 비용 부담을 줄이려면 관리가 쉽고 크기가 작은 동물이나 사람 곁에서 잘 지내는 습성을 가진 가축에 가까운 동물을 기르는 것도 고려해볼 수 있다. 그렇게 하면 들어가는 예산 대비 훨씬 만족스러운 결과를 얻을 수 있을 것이다.

조금 더 나아가면, 이런 일에 지역 특성을 반영하는 시도도 해볼 만하다. 예를 들어 《조선왕조실록》을 보면, 1436년에 세종이 인천 용유도에 외국에서 선물 받은 원숭이를 풀어놓고 길렀다는 기록이 있다. 그렇다면 화장품 연구소 같은 곳에서 실험용 동물로 쓰이다가 처분 대상이 된 필리핀원숭이 같은 동물을 데려와 용유도나 인천 인근에 시설을 만들어 그곳에서 여생을 보내게 하는 것도 의미가 있지 않을까? 인천 시민들이 '우리 인천에는 임무를 다 한 원숭이들이 안식을 취하는 공원이 있다'고 생각한다면, 그 자체가 조선 시대 세종의 역사를 계승하는 뜻깊은 일이 될 거라고 생각한다.

《삼국유사》에는 약 2,000년 전 지금의 김해 사람들이 "거북아 거북아 머리를 내밀어라"라는 노래를 불렀더니 하늘에서 수로왕이 내려와 가야라는 나라를 세웠다고 나와 있다. 그렇다면 김해에서 사람들이 기르다 버린 거북들을 데려와 편히 살 수 있도록 수로왕 전설과 관련 있는 장소에 큰 연못 같은 곳을 마련해두는 것도 좋겠다.

숨겨진 광견병 전파자

공원에 출몰하는 야생 너구리는 대체로 수도권 시민들에게 친근하고 사랑받는 편이다. 하지만 요즘에는 한 가지 이유로 너구리에 대한 경계가 필요하다는 경고가 나오고 있다. 바로 광견병 때문이다.

광견병은 이름 때문에 개만 걸리는 병으로 착각하는 경우가 많은데, 사실은 개뿐만 아니라 다양한 동물에게 나타날 수 있다. 여우나 코요테처럼 개와 닮은 동물은 물론이고, 소나 말 같은 가축도 감염될 수 있으며 박쥐에게서 광견병이 발생한 사례도 있다. 사람 역시 광견병 바이러스에 감염되면 병에 걸릴 수 있다. 특히 사람이 광견병에 걸려 증상이 나타나기 시작하면 목숨을 잃을 확률이 매우 높아 위험하다.

광견병 바이러스는 동물의 신경계를 망가뜨리는 특성이 있어서 결국 뇌에 이상을 일으킨다. 사람이 이 바이러스에 감염되면 뇌가 망가져 평소처럼 행동하지 못하고, 격렬한 공격성을 보이는 경우가 많다. 흥분 상태에서 주변 사람들을 공격하려 하며 심지어 누군가를 물어뜯고 싶다는 충동을 느끼기까지 한다.

만약 정말로 다른 사람을 문다면 어떤 일이 일어날까? 침 속에 있는 바이러스를 그 사람에게 옮겨서 감염시킬 수 있다. 이렇게 해서 바이러스는 더 널리 퍼지게 된다. 사람의 뇌를 조종

해 성격과 행동을 바꾸는 것이 광견병 바이러스가 퍼져나가는 전략인 셈이다.

기이하게도 사람은 광견병 바이러스에 감염되면 뇌의 어떤 부위에 문제가 생기는 것인지 물에 대한 강한 공포심을 느끼는 현상이 종종 나타난다. 이 때문에 사람이 광견병 바이러스에 감염된 상태를 공수병恐水病이라고 부르기도 한다.

질병관리청 자료를 보면 1966년에 공수병 환자가 100건 가까이 발생했을 정도로 한때 광견병은 매우 무서운 질병이었다. 하지만 개를 비롯한 반려동물과 가축 들에게 광견병 백신을 대량으로 접종하면서 상황은 빠르게 나아졌다. 그 결과 2005년부터 20년에 가까운 시간 동안 한국에서는 공수병으로 희생된 사람이 거의 발생하지 않게 되었다.

그렇다고 해서 광견병이 한반도에서 완전히 사라진 것은 아니다. 동물들 중에서는 여전히 광견병이 발생하는 사례가 가끔 보고되고 있다. 사람 손이 자주 닿는 반려동물이나 가축은 백신 접종 덕분에 광견병이 거의 사라졌지만, 야생동물들 사이에서는 아직도 광견병이 돌고 있을 가능성이 있다는 의견도 있다. 실제로 2013년 1월 28일 농림수산식품부는 경기도의 한 도시에서 길고양이가 광견병에 감염된 사실을 확인했다고 발표한 적도 있다. 그렇게 보면, 가장 고민스러운 동물이 바로 너구리다.

너구리는 야생동물이기 때문에 예방 접종 없이 돌아다니는 경우가 대부분이고, 다른 동물을 잡아먹을 수 있는 이빨을 가지고 있어서 광견병 바이러스를 퍼뜨리기에도 유리하다. 게다가 사람 사는 곳 근처에도 종종 나타나기 때문에, 밤에 슬쩍 나온 너구리가 개나 고양이, 각종 가축을 물어 광견병을 퍼뜨릴 위험도 있다. 최악의 경우, 광견병에 감염된 너구리가 사람을 공격할 수도 있다. 실제로 2003년 경기도의 한 지역에서 공수병으로 40대 남성이 목숨을 잃은 일이 있었다. 그때 추적해보니 광견병에 걸린 너구리에게 공격당한 것이 원인으로 밝혀졌다.

이런 상황을 예방하기 위해 현재 정부 당국은 야생 너구리를 대상으로 광견병 백신을 퍼뜨리는 사업을 진행하고 있다. 물론 야생 너구리들에게 예방 접종을 받으라고 문자 메시지를 보낼 수는 없으니 이 작업에는 첨단기술이 꼭 필요하다. 지금 정부는 먹는 백신oral vaccine을 활용하고 있는데, 이 백신은 동물이 먹기만 해도 예방 효과가 나타난다. 그래서 너구리 같은 동물이 좋아할 만한 먹이에 백신을 섞어 동물이 자주 다니는 곳에 수천, 수만 개를 뿌려두는 방식으로 진행하고 있다. 이것을 '미끼 백신'이라고 부른다.

현재 미끼 백신을 대량 생산하는 대표적인 업체는 독일 회사다. 이 회사는 세계 각국에 사람이 아닌 야생동물에게 뿌릴 백신을 판매해서 막대한 수익을 올리고 있다. 특히 땅이 넓고 야생동물도 많은 미국 같은 나라에서는 미끼 백신을 헬리콥터로 뿌리기 때문이다. 하늘에서 눈송이처럼 백신을 퍼뜨려야 하므로 엄청난 양의 백신을 사 간다.

한국에서도 너구리가 많아지면서 최근에는 한국 회사들이 너구리용 미끼 백신 생산과 판매에 도전하고 있다. 현재 많이 사용되는 미끼 백신은 백시니아vaccinia 바이러스를 유전자 조작해서 개조한 바이러스를 핵심 원료로 사용하는 것이다. 광견병을 예방하기 위해 다른 바이러스를 원료로 사용하는 방식이 신기하지만, 백시니아 바이러스는 예로부터 천연두 백신의 원료로 쓰였던 바이러스로 사람 몸에 큰 해를 끼치지 않는다.

다시 말해 백시니아 바이러스에 광견병 바이러스 유전자를 조금 끼어 넣어 두 바이러스의 특성을 합친 일종의 잡종 바이러스를 만드는 방식이다. 이렇게 하면 백시니아 바이러스의 특징은 그대로 유지하면서 광견병 바이러스와 유사한 성질을 지니게 된다. 이 백신을 먹은 동물은 백시니아 바이러스에 감염되었다가 나으면서 면역을 얻을 수 있다. 이후 실제 광견병 바이러스가 침입하면 바로 쫓아낼 수 있다.

미끼 백신을 완성하려면 이렇게 만든 백신 본체에 생선살 반죽을 덧붙이고 대구 간유cod liver oil라 불리는 생선에서 뽑아낸 기름을 섞어 찹쌀떡만 한 어묵 모양으로 만들어야 한다. 이처럼 독일의 제약 회사에서 만든 어묵을 한국에서 대량으로 사서 산과 들에 뿌리는 일은 얼핏 보면 낯설고 이상하게 느껴질 수 있지만 첨단 바이러스 백신 기술 덕분에 실제로 매년 이루어지고 있다.

미끼 백신에 들어가는 대구 간유는 한국에서 건강보조식품으로 잘 알려진 오메가3의 원료로도 자주 쓰인다. 유럽 등지에서는 대구의 내장, 그중에서도 간에서 짜낸 기름이 바로 대구 간유다. 이 기름은 공기 중의 산소와 쉽게 반응해 갖가지 특이한 기체 성분을 만들어내는 성질이 있다. 이런 성분들 때문에 대구 간유를 사용한 제품에서는 생선 특유의 냄새가 나게 된다. 특히 아크롤레인acrolein 같은 물질이 생기면 매우 강하고 독특한 냄새가 나기도 한다.

사람 코 안에는 냄새를 일으키는 물질과 화학반응을 하면 전기를 만들어내는 신경이 있다. 그래서 대구 간유에서 나온 냄새 물질이 코에 닿아 이 신경을 자극하면 전기가 생겨 뇌로 전달되고, 우리는 '비린내가 난다'고 느끼게 된다. 마찬가지로 너구리 코에도 비슷한 신경이 있어서 대구 간유 냄새가 닿으면 '맛있겠다'고 판단하게 된다. 그럼 너구리는 주특기인 잡식성을 발휘해 어묵 모양 백신에 다가가고, 백신을 남김없이 먹어 치우면서 방역에 자발적으로 동참하게 된다.

사람이 많이 살고 너구리도 심심찮게 출몰하는 경기도는 지자체에서 수년 동안 꾸준히 이 어묵 모양의 미끼 백신을 구매해 너구리가 나타날 것으로 예상되는 곳곳에 뿌려왔다. 2024년만 해도 3월 발표에 따르면 경기도 고양시에서만 6,000개의 미끼 백신을 북한산과 고봉산 등지에 뿌렸다. 그 밖에도 공원이나 산책로 주변 덤불 같은 장소들이 미끼 백신이 자주 살포되는 곳이다. 4월 발표를 보면 경기도에서는 총 24만 개의 미끼 백신을 준비해 각 지역에 뿌릴 거라고 한다.

오랜 세월 동안 사람 곁에서 잘 살아온 한국 너구리들은 어묵 형태의 백신을 잘 찾아 먹는 능력을 갖추게 되면서 광견병 문제도 점차 해결되고 있는 듯하다. 농림축산검역본부 발표에 따르면, 2013년에서 2014년에 걸쳐 경기도 수원과 화성에서 야생 너구리 60마리를 붙잡아 조사한 결과, 광견병에 걸린 너구리는 한 마리도 없었고, 미끼 백신을 뿌린 지역의 너구리 가운데 약 40%에서 항체 형성이 확인돼 광견병 예방 접종의 효과가 분명히 나타났다. 과학 기술의 발전으로 탄생한 이 방법이 너구리와 사람 모두의 건강과 안전을 위한 멋진 선물이 된 셈이다.

6장

붉은박쥐 × 충청북도

병을 피하고
죽음을 거스르는

조선을 휩쓴 배트맨

박쥐 모양으로 장식된 탈것 하면 아마 만화나 영화 속에서 배트맨이 타는 자동차인 배트모빌을 가장 먼저 떠올리는 사람이 많을 것 같다. 그런데 시대를 거슬러 조선 시대로 돌아가 보면 훨씬 더 눈길을 끄는 탈것이 있다. 바로 정조 임금의 어머니, 혜경궁 홍씨가 타던 가마다. 이 가마는 《원행을묘정리의궤》라는 기록에 '자궁가교慈宮駕轎'라는 이름으로 남아 있는데, 한자 그대로 해석하면 자비로운 궁전의 가마라는 뜻이며 실제로는 임금의 어머니가 타는 가마를 의미한다.

그렇다면 혜경궁이 배트맨처럼 밤이 되면 박쥐 모양의 가면을 쓰고 정체를 숨긴 채 18세기 조선의 악당들을 때려잡으러 다녔다는 것일까? 물론 그럴 리는 없다. 하기야 혜경궁은 임금의 어머니치고는 그 삶이 결코 편하지 않았다. 어릴 때부터 왕자의 부인으로 짝지어져 궁궐 생활을 시작했으니 얼핏 멋모르는 사람은 부러울 만하지만, 하필 시아버지가 성격이 강하고 집요하기로 유명한 영조 임금이었다. 아무리 궁궐 생활이라지만 시집살이가 쉬웠을 리 없다. 온갖 법도와 복잡한 예절을 철저히 지켜야만 하는 궁궐 생활이었기에 오히려 시집살이는 여느 양반집보다 훨씬 더 힘들었을지도 모른다.

게다가 혜경궁의 남편은 사건 사고를 많이 일으키기로 악명 높았던 사도세자였다. 결국 사도세자는 벌을 받고 처형당할 정도로 비참한 죽음을 맞이하고 말았다. 그 일이 벌어졌을 때 혜경궁은 겨우 스물일곱 살이었다. 그때부터 혜경궁은 처형당한 죄인의 부인이라는 사실상 불명예스러운 처지가 되었다. 남편을 잃고도 궁궐에 머물렀지만, 정치 상황이 조금만 나빠져도 언제 쫓겨나거나 처벌받을지 모르는 불안한 상태였다. 갑작스러운 위기가 닥치면 자신뿐만 아니라 친정 가족까지도 무거운 처벌을 받을 수 있었기에 혜경궁은 늘 조마조마하고 걱정 가득한 삶을 살았을 것이다.

영특했던 어린 정조가 그런 어머니를 눈치채지 못했을 리 없다. 모르긴 해도 정조는 어릴 적부터 늘 근심에 잠긴 어머니의 모습을 안타깝게 여겼을 것이다.

당시 조선에서는 농민이나 노동자 들이 일을 하나 끝내고 손을 씻은 뒤 음식을 먹으며 잠깐 쉬는 시간을 '세수례洗手禮'라고 불렀다. '손 씻기'라는 말을 한자로 표현한 것과 같다. 이런 풍습이 어린아이들에게도 퍼졌다. 서당에서 공부하던 책을 하나 다 마치면 어른들이 간식을 사주며 놀게 했고, 이것을 '세서례洗書禮'라고 불렀다. 요즘도 가끔 '책걸이'라는 이름으로 아이들이 간단하게 노는 시간을 가지는데, 세서례는 그와 비슷한 풍습이다.

혜경궁도 어쩔 수 없는 한국의 어머니였는지, 자식인 정조가 공부를 열심히 해서 책을 한 권 마쳤다고 하면 그때는 그렇게 기뻐했다고 한다. 그래서 혜경궁은 웃으면서 세서례를 하라며 정조에게 과자나 과일을 내려주었다. 아마도 정조는 책 한 권을 뗄 때마다 그 순간만큼은 어머니가 정말 기뻐하는 모습을 보고, 항상 힘들게 사시는 어머니를 조금이라도 기쁘게 해드리고 싶다는 마음에 더 열심히 공부했을 것이다.

정조는 조선 시대의 모든 임금들 중에서 유교 경전을 읽고 해석하는 실력에서 압도적으로 뛰어났던 천재로 손꼽힌다. 그렇게 뛰어난 재능이 있었으니 아마 걸핏하면 혜경궁에게 달려가 "어마마마, 또 책 한 권을 다 공부했습니다. 세서례를 하게 해주십시오"라고 하지 않았을까?

정약용의 《여유당전서》〈제세서첩〉을 보면, 정조는 나중에 임금이 된 후에도 어머니를 가끔 찾아가 책 한 권을 마쳤으니 세서례를 하게 해달라고 했다고 한다. 힘들고 어려운 시절을 떠올리니 어머니를 더 기쁘게 해드리고 싶었던 마음이었을 것이다. 그럼 할머니가 된 혜경궁 홍씨는 웃으면서 정조에게 과자나 떡을 내려주곤 했다. 나는 이 이야기가 우스우면서도 무척 애틋하게 느껴진다.

정조는 어머니를 깊은 효심으로 모셨던 만큼 어머니가 타는 가마도 좋은 뜻을 담아 정성껏 만들고 싶어 했다. 특히 정조는 자신의 아버지 무덤에 성묘하러 갈 때 많은 신하와 병사 들을 이끌고 화려한 행차를 한 것으로 유명했는데, 이때 혜경궁이 탈 멋지고 근사한 가마가 꼭 필요했다. 그렇게 해서 만들어진 것이 바로 기록에 자궁가교라는 이름으로 실린 그 가마다.

그 무렵 중국에서는 청나라 시대를 지나면서 박쥐 모양을 건물이나 천에 장식으로 넣는 것이 유행하기 시작했다. 가장 큰 이유는 박쥐를 뜻하는 한자 '푸蝠'의 발음이 복을 뜻하는 '福'과 발음이 같기 때문이다. 그래서 중국인들은 박쥐가 그려진 건물을 '복이 가득한 집', '행복이 가득한 공간'으로 여겼다. 말하자면 패션에 아재개그 같은 언어유희가 녹아든 셈이다. 박쥐 다섯 마리를 그려 넣으면 다섯 가지 복이 들어온다는 오복五福을 뜻하게 되고, 장수를 의미하는 '수壽'라는 글자 옆에 박쥐를 여러 마리 그려 넣으면 수복壽福, 즉 장수와 복을 기원한다는 뜻이 된다. 이렇게 박쥐 모양은 다양한 의미로 발전했다.

아마도 청나라를 오가던 조선의 사신들이 이런 유행을 보고 재미있게 여겼던 것 같다. 그래서인지 18세기부터 조선 궁중에서도 박쥐 장식이 조금씩 유행하기 시작했다. 마침 한국에서도 박쥐를 뜻하는 한자 '푸蝠'를 복이라고 읽었기 때문에 이 아재개그는 조선에서도 그대로 통할 수 있었다.

바로 그런 이유로 혜경궁이 탔던 가마는 박쥐 모양으로 뒤덮인 독특한 장식으로 꾸며졌다. 이 가마는 말이 끄는 형태였기에 오늘날로 치면 배트모빌이 아니라 배트웨건이라고 부를 만하다. 물론 이것은 악당과 싸우기 위한 장비가 아니라 혜경궁의 안녕과 장수를 기원하는 마음이 담긴 장식이었다. 정조가 어머니에게 '이제는 임금의 어머니로서 편안히 지내시라'는 뜻을 담아 만든 효심의 상징이었다고 보는 게 맞을 것이다.

한서대학교 동양고전연구소의 장경희 교수는 연구 논문에서 혜경궁의 가마가《원행을묘정리의궤》에 실려 출판되고 유포된 일이 이후 조선에서 박쥐 모양이 자리 잡는 데 큰 영향을 미쳤을 거라고 주장했다. 만약 이 의견이 맞다면, 혜경궁의 박쥐 가마는 배트모빌 못지않게 대단하다고 할 수 있다. 실제로 그 이후 박쥐 모양은 백성들 사이에서도 인기를 끌었기 때문이다.

장수의 비결을 찾아서

나는 오히려 그보다 앞선 시기의 조선에서 박쥐는 행운보다 오히려 잠들지 않는 동물, 즉 불면증이나 밤샘의 상징으로 더 널리 여겨졌을 거라고 추측한다. 예를 들어, 17세기 조선에서 유행한《사의경험방》같은 의학 서적에는 그 시기 유명했던 의사 네 명이 남긴 여러 처방이 실려 있는데, 그중 하나는 잠이 너무 많은 증세에 시달릴 때 박쥐를 잡아 물에 담그고 거기서 나온 즙을 눈 주위에 바르면 증상을 치료하는 데 효험이 있다는 내용이다.

이런 전통을 현대에 되살린다면 박쥐는 졸음운전을 막는 마스코트나 밤샘 공부를 하는 수험생을 응원하는 상징으로 쓰였어야 맞지 싶다. 말하자면 졸음을 쫓는 껌을 배트검 같은 이름으로 부른다면 17세기 조선 문화에 더 잘 어울릴 것이다.

그런데 지금 남아 있는 18세기와 19세기 조선 유물을 보면, 박쥐는 졸음을 쫓는 상징이 아니라 장수와 행운을 기원하는 장식으로 활용되었다는 사실을 알 수 있다. 박쥐를 아름답게 표현하려다 보니 실제 하늘을 나는 박쥐의 모습보다는 나비처럼 날개가 나풀거리는 모양이나 새처럼 단순화된 도형으로 변형된 경우가 많았다. 이런 박쥐 장식은 가구에 붙이는 금속 장식, 그릇에 그려 넣는 문양, 옷에 다는 노리개 등 정말 다양한 곳에 사용되었다. 조선 후기 사람들은 박쥐 문양을 복이 들어오라는 의미로 즐겨 쓴 것이다. 이는 유럽이나 미국 사람들이 박쥐는 드라큘라로 변신해 피를 빨아 먹는 징그러운 동물이라 여기는 것과 매우 강한 대조를 이룬다.

화학과 생물학 관점에서 보면 혜경궁의 가마를 박쥐 모양으로 꾸민 것은 꽤 과학적이다. 박쥐는 실제로 장수하는 동물로 알려져 있어서 많은 과학자들이 오랫동안 관심을 갖고 연구했기 때문이다.

수백 년씩 사는 거북이나 그린란드 상어에 비하기는 어렵지만, 박쥐는 자신의 몸집에 비해 대단히 오래 사는 동물이다. 일반적으로 동물의 수명은 몸 크기와 비례하는 경향이 있는데, 크기가 작은 동물일수록 더 짧게 산다는 의미다. 그런데 박쥐는 이 일반적인 규칙에서 완전히 벗어나 있다.

클라이버의 법칙Kleiber's Law에 따르면 생물은 크기가 작을수록 신진대사 속도가 빨라진다. 즉 작은 동물일수록 심장이 빠르게 뛰고, 몸 내부의 대사 활동도 더 활발하게 일어난다. 예를 들어 생쥐는 초당 수백 번 심장이 뛰지만 수명은 고작 2년에서 3년에 불과하다. 반면에 생쥐보다 심장이 느리게 뛰는 개는 10년 정도 살고, 개보다 더 심장이 느리게 뛰는 코끼리는 60년 넘게 살기도 한다. 신진대사가 빠르다는 것은 몸속 변화가 빠르게 일어난다는 뜻이고, 결국 노화 속도도 그만큼 빠르다는 이야기다.

조금 더 나아가면, 이런 생각은 간단한 화학 원리와도 연결할 수 있다. 화학에서는 어떤 물질이 주변과 닿는 넓이에 비해 부피가 작을수록 반응이 빨라진다는 법칙이 있다. 굵은 소금보다 고운 소금이 물에 더 빨리 녹는 이유도 바로 이 때문이다. 이를 겉넓이 대 부피 비율의 법칙이라고 하며 다양한 과학 분야에서 활용된다.

이 법칙을 동물의 수명에 적용해보면, 굵은 소금처럼 몸집이 크고 덩어리진 코끼리 같은 동물은 화학반응이 천천히 일어나지만, 가는 소금처럼 작은 생쥐 같은 동물은 그만큼 반응이 빠르다. 결국 몸이 변화하고 늙어가는 속도도 더 빨라서 일생이 짧게 끝난다고 볼 수 있다.

그런데 박쥐는 다르다. 영화나 만화에서처럼 날개를 넓게 펼친 모습을 떠올리면 덩치가 크다고 착각하기 쉽지만, 사실 대부분의 박쥐는 매우 작고 가벼운 동물이다. 박쥐가 날아 다니는 동물이라는 점을 생각하면 몸집이 가벼울수록 비행에 유리하다는 건 당연하다. 실제로 많은 박쥐는 몸무게가 생쥐와 비슷하거나 더 가볍다.

몸집만 보면 박쥐의 수명도 생쥐와 비슷한 2년 정도로 짧을 것 같지만 그렇지 않다. 2010년 미국의 생물학자 제이슨 먼시 사우스Jason Munshi-South가 발표한 연구 결과에 따르면, 당시 기준으로 가장 오래 산 박쥐가 41년이나 살았다고 한다. 몸무게가 비슷한 생쥐에 비해 20배는 더 산 셈이다.

41세까지 산 박쥐는 윗수염박쥐속*Myotis*으로 분류되는 큰수염박쥐*Myotis brandtii*라는 종이었다. 그런데 이 박쥐만 특별히 오래 산 것도 아니다. 한국에 사는 박쥐 중에서도 특이한 생김새로 잘 알려진 붉은박쥐가 있는데, 별명으로 흔히 '황금박쥐'라고 불리기도 한다. 붉은박쥐 역시 윗수염박쥐속으로 분류되며 큰수염박쥐처럼 상당히 오래 산다는 것이 확인되었다.

2015년 치악산에서 붉은박쥐를 발견한 국립공원연구원 연구팀은 박쥐 다리에 플라스틱 가락지를 채운 뒤 풀어놓았다. 그리고 8년이 지난 2023년, 같은 치악산에서 플라스틱 가락지를 단 붉은박쥐가 다시 발견되었다. 박쥐가 스스로 가락지를 끊어 다른 박쥐 다리에 옮겼을 리 없으니 같은 박쥐가 최소한 8년 동안 살아 있었다는 뜻이다. 이는 평균 수명이 2년에서 3년인 생쥐와 비교해도 4배는 더 산 셈이다. 게다가 이 박쥐는 가락지를 채우기 전에도 이미 태어난 지 꽤 지난 상태였을 가능성이 높아 실제 수명은 그보다 더 길다고 봐야 한다.

사람은 100세를 넘기면 장수했다고 말하니 생쥐 입장에서 보면 8년을 산 붉은박쥐는 사람으로 치면 400살이 넘은 노인을 보는 느낌이지 않을까? 마찬가지로, 생쥐가 세계에서 가장 오래 살았다는 41세 박쥐를 만나면 무려 2,000년을 산 불로장생 신선을 보는 느낌일 것이다.

옛 전설 속 신선은 공중부양해 하늘을 날고, 눈을 감고도 먼 곳을 내다보는 등 신비한 술법을 부리는 모습으로 자주 묘사된다. 그런데 가만 보면 박쥐는 꽤 신선 같다. 자유롭게 하늘을 날 수 있을 뿐 아니라, 눈으로 보지 않고도 초음파를 통해 어둠 속에서 주변을 감지할 수 있기 때문이다.

재미있게도 박쥐의 이런 재주는 장수하는 습성과 직접적 또는 간접적으로 연결되어 있다. 가장 직적접인 연결은 비행 능력이다. 하늘을 날 수 있는 동물은 적의 공격을 쉽게 피할 수 있어서 생존 확률이 훨씬 높아진다. 아무리 호랑이가 무섭고 곰이 힘이 세도 하늘로 날아오르는 박쥐를 잡기란 쉽지 않다. 하늘을 나는 동물은 주로 곤충과 새가 있는데, 포유류 중에서 혼자 힘으로 하늘을 나는 건 박쥐가 유일하다. 사람도 비행기 같은 기계를 이용해 하늘을 날기도 하니, 넓게 보자면 포유류 가운데 날 수 있는 것은 박쥐와 사람뿐이다.

더 재미있는 사실은 세상에서 가장 먼저 하늘을 자유롭게 날게 된 생물이 벌과 나비를 포함한 수많은 곤충이라는 점이다. 하지만 그렇다고 해서 곤충이 날아다니는 습성을 그대로 물려받아 조류, 즉 새들이 하늘을 나는 것은 아니다. 새들은 곤충의 후손이 아니기 때문이다. 날개로 하늘을 난다고 하면 얼핏 비슷해 보일 수 있지만 곤충은 등껍질 일부가 변형되어 날

개가 된 것으로 추정된다.

반면 새들은 앞다리, 그러니까 사람으로 치면 팔에 해당하는 부위를 펼치고 깃털을 퍼덕이며 하늘을 난다. 게다가 곤충이 하늘을 날기 시작한 것은 약 5억 4,000만 년 전에서 2억 5,000만 년 전 사이의 고생대 시기였고, 새들이 하늘을 날 게 된 것은 약 2억 5,000만 년 전에서 6,600만 년 전 사이인 중생대였으니 그 사이의 시간은 매우 길다. 결국 새들은 곤충과 관계없이 스스로 하늘을 나는 방법을 터득한 셈이다.

그런데 박쥐는 곤충도 아니고 새와도 다른 종이다. 박쥐도 곤충이나 새에게 날아다니는 습성을 물려받아 하늘을 나는 것은 아니다. 박쥐의 날개는 사실 커다란 앞발, 즉 손이다. 오리발에 물갈퀴가 달린 것처럼 박쥐의 날개는 길게 뻗은 손가락 사이에 얇은 막이 연결된 형태다. 그래서 박쥐 역시 새의 후손이 아니고, 새의 습성과도 관련이 없다. 포유류의 시대인 약 6,600만 년 전 신생대에 들어서서 스스로 나는 법을 터득한 것이다.

겉보기에는 모두 하늘을 나는 것처럼 보이지만 곤충, 새, 박쥐는 서로 상관없는 동물이며 각기 다른 방식으로 나는 방법을 익혔다. 곤충은 등껍질을 퍼덕여 날고, 새는 팔을 흔들며 날고, 박쥐는 손을 움직여 난다.

이처럼 박쥐는 알을 낳는 조류가 아니라 사람이나 소, 말, 고양이처럼 새끼를 낳고 젖을 먹여 키우는 명백한 포유류다. 한국 천연기념물센터에서 2009년 붉은박쥐 연구를 위해 발간한 자료에서는 붉은박쥐 암컷과 수컷을 구분할 때 발달한 젖을 눈으로 확인해 암컷임을 판단할 수 있다고 소개했다. 그만큼 박쥐는 포유류의 특징을 뚜렷하게 보여준다. 천장에 거꾸로 매달려 살고, 거의 날아다니는 삶을 살면서도 박쥐는 새끼를 낳고 젖을 먹여 키운다. 알고 들어도 들을 때마다 신기하게 느껴진다.

더군다나 박쥐는 잘 날 수 있을 뿐 아니라, 대부분 동물들이 너무 어두워서 찾아오지 못하고 따라올 수도 없는 깊은 동굴 속을 자유롭게 돌아다니는 재주까지 있다. 그래서 어두운 동굴의 구석을 집처럼 활용하는데, 이 역시 몸을 숨기기에 매우 유리한 특징이다. 예를 들어, 사자가 박쥐를 쫓아온다고 해도 어두운 동굴 깊숙한 곳에 숨어버리면 거기까지 따라올 수 있겠는가?

여기에 더해, 적의 공격을 피하며 안정적으로 살아간다는 점은 생물이 시간이 흐르면서 진화할 수 있다는 점과도 연결되어 더욱 장수를 도울 수 있다. 미국의 동물학자 제럴드 윌킨슨Gerald Wilkinson은 2002년에 발표한 논문에서 길항적 다면발현 이론antogonistic pleotropy을 제시하며 이 현상을 설명했다.

원래 이 이론은 장수를 설명하려고 나온 게 아니었다. 오히려 동물이 왜 노화하고, 늙으면 쇠약해지는지를 설명하기 위해 등장해 오래전부터 주목받아왔다. 간단히 말하면 이런 이야기다. 대부분 야생동물은 애초에 다양한 위험 때문에 오래 살지 못한다. 그래서 젊을 때 좋은 효과를 내는 유전자가 최고다. 비록 그 유전자가 나중에 늙어서 병을 일으키더라도 어차피 나이가 많이 들 때까지 사는 동물은 별로 없기 때문이다. 그렇기에 그런 유전자들이 세대를 거치는 동안 퍼지면서, 결국 동물에게는 나이가 들면 쇠약해지고 병드는 각종 부작용이 나타난다.

가장 익숙하고 대표적인 예가 사람의 남성 호르몬이다. 남성 호르몬은 남자의 눈썹과 수염을 짙게 만들고 근육을 키우는 데도 도움을 주며, 용감한 성향을 만드는 데도 영향을 끼친다. 이런 특징들은 젊었을 때 사냥이나 탐험, 개척 활동에 유리하고, 여성에게 매력을 발산해 자손을 퍼뜨리는 데도 유리하다. 그러나 남성호르몬은 여러 부작용도 일으킨다. 가장 쉽게 와닿을 만한 예로, 나이가 들어서 머리카락이 빠지는 데 영향을 준다.

그렇지만 사람이 야생에서 다른 동물처럼 살던 시절에는 남성 호르몬이 그까짓 머리카락 좀 빠지게 한다고 해도 별로 중요하지 않았다. 당시 사람들은 대부분 30~40대가 되기 전에 맹수의 공격을 받거나 사고를 당해 목숨을 잃었기 때문이다. 원시 시대에 대부분의 탈모인들은 자신이 탈모인지 깨닫기도 전에 일찍 세상을 떠났을 것이다. 그러므로 탈모 유전자는 별 단점이 아니었다.

이렇다 보니 나이가 들어서는 몸에 해로운 영향을 미치더라도 젊을 때 유리하게 작용하는 유전자라면 인생 전체에 오히려 도움이 되었다. 예전에는 노년기를 누릴 만큼 오래 사는 삶이 드물었기 때문이다. 결과적으로 젊을 때만 유리한 특성을 지닌 사람들이 더 많이 살아남아 그 특성을 후손들에게 널리 물려주게 되었다. 이러한 과정을 거쳐 지금의 남자들은 나이가 들면서 머리카락이 빠지는 부작용을 겪게 된 것이다.

이런 식으로 사람의 몸에는 남성 호르몬을 비롯해 젊어서는 좋지만 시간이 지나면 해를 끼치는 성질들이 쌓여왔다. 그리고 바로 이런 성질들이 세월이 흐름에 따라 사람을 늙고 병들게 만드는 원인이 된다. 이것이 바로 길항적 다면발현 이론이다. 이제 사람들은 야생을 벗어나 문명을 이루고 살아간다. 더 이상 사자나 호랑이에게 공격받아 목숨을 잃을 위험은 거의 없기 때문에 그만큼 오래 살 수 있게 되었다. 그러나 그 결과, 과거에는 경험할 수 없었던 노화와 쇠약이라는 부작용을 현대인 모두가 겪게 되었다. 하지만 박쥐는 다르다.

병치레 없는 박쥐의 삶

박쥐는 수천만 년 전 지상에 처음 등장했을 때부터 이미 공중부양 능력과 눈 감고 보기 능력을 갖추고 있었다. 덕분에 애초부터 젊은 나이에 쉽게 목숨을 잃지 않는 경지에 도달해 있었다. 그러므로 박쥐 입장에서는 다른 동물들처럼 젊을 때 화끈하게 살다 생을 마치는 삶보다 병들거나 쇠약해지지 않고 오래도록 건강하게 살아가는 것이 더 중요해졌다. 다시 말해 박쥐의 삶은 '젊을 때만 잘 사면 그만'이 아니라, '나이가 들어서도 계속 잘 살아야 하는 삶'이 된 것이다.

그래서 지난 수천만 년 동안 나이가 들어서도 쌩쌩하고 건강하게 사는 박쥐가 더 잘 살아남고, 더 많이 번식하게 된 것이다. 이런 박쥐들이 번성하면서 자신의 특성을 자손들에게 물려주게 되고, 이 과정이 세대를 거듭해 반복되면 결국 박쥐는 점점 나이가 들어도 잘 늙지 않고 장수하는 종족으로 진화한다.

대표적인 예로, 박쥐는 텔로미어telomere를 정교하게 조절하는 독특한 능력이 있다. 텔로미어는 DNA의 끝부분에 붙어서 아주 미세한 보호막 역할을 하는 부위를 말한다. 우리 몸이 성장하거나 다친 부위를 회복할 때는 새로운 세포가 만들어져야 하는데, 이때 원래 세포 속의 DNA를 복사해 새로운 세포에 전달해야 정상적인 세포가 된다. DNA는 유전 정보를 담고 있기 때문에 이 복사 과정에서 손상되지 않도록 그 끝을 텔로미어라는 보호막이 감싸고 있는 것이다.

하지만 세월이 흐르고 세포 복사가 반복되면 텔로미어도 점차 닳아 없어지게 된다. 그 상태에서 복사가 계속 이루어지면 DNA 자체가 망가지고 부서지기 시작한다. 그 결과, 새로운 세포에 온전한 DNA를 전달할 수 없게 되고, 건강한 세포를 만들어내는 것도 어려워진다. 이는 곧 몸이 성장하거나 상처가 회복되는 능력이 떨어진다는 뜻이다. 나아가 잘못된 DNA가 생겨나 몸 전체의 기능이 망가질 수도 있다.

그렇다면 텔로미어가 닳지 않도록 막아주는 약을 개발하면 사람이 늙지 않고 오래오래 살 수 있지 않을까? 과학자들 역시 오래전부터 이런 가능성을 고민해왔다. 그런데 연구가 진행될수록 단순히 텔로미어가 닳지 않게 만드는 것만으로는 또 다른 문제가 생긴다는 사실이 밝혀졌다. 텔로미어가 너무 튼튼해지면 세포가 지나치게 자유롭게 자라날 수 있다는 것이다. 그러다 보면 자칫 세포 하나가 마구잡이로 잔뜩 자라나는 일이 벌어질 수 있다. 이 현상이 위험한 수준에 이르면 바로 암이 된다. 즉 텔로미어가 점점 닳으면 세포가 자라지 못해 사람이 늙고 약해지며 결국 목숨을 잃게 된다. 반대로, 텔로미어가 전혀 닳지 않으면 세포가 지나치게 잘 자라 암으로 변해 생명을 위협할 수 있다.

아일랜드의 생물학자 니콜 M. 폴리Nicole M. Foley는 2018년에 발표한 논문에서 박쥐가 노화와 암 사이에서 절묘한 텔로미어 균형을 이룬 것처럼 보인다는 의견을 제시했다. 물론 모든 박쥐가 다 그런 것은 아니며, 종마다 차이가 있는 것으로 보이기에 아직 박쥐의 불로장생 비밀이 완전히 밝혀진 것은 아니다. 하지만 분명한 사실은 박쥐가 자신의 세포마다 텔로미어를 독특하게 조절하는 능력을 갖고 있다는 점이다. 박쥐는 마치 젊은 사람처럼 세포를 잘 만들어내면서도 그 세포들이 마구잡이로 복제되어 암세포가 되는 일은 피할 줄 안다.

통계청 자료에 따르면, 2022년 기준으로 한국인이 목숨을 잃는 가장 큰 원인은 암이었다. 그런데 박쥐에 대한 연구를 들여다보면 이 작은 동물이 이미 수십만 년, 아니 수백만 년 전부터 몸속에 암을 억제하는 비결을 간직하고 있었던 것처럼 보인다. 어쩌면 머지않아 암 치료의 결정적인 단서가 어두운 동굴 속 박쥐를 찾아다니는 한 과학자에 의해 발견되는 날이 올 수도 있지 않을까?

박쥐가 마치 신선처럼 오래 사는 삶을 가능하게 해주는 또 하나의 중요한 특징은 바로 바이러스에 대한 강한 면역력이다. 이는 박쥐가 바이러스가 몸에 들어오지 못하도록 완벽히 막아낸다는 뜻은 아니다. 오히려 박쥐의 몸속에서는 다양한 바이러스가 흔히 발견된다. 하지만 박쥐는 바이러스에 감염되어도 별다른 증상 없이 살아남는 경우가 많다. 반면 사람은 감기와 같은 흔한 바이러스부터 중증열성혈소판감소증후군SFTS처럼 치명적인 바이러스성 질병까지 다양한 바이러스에 쉽게 영향을 받고 고통을 겪는다. 심지어 목숨을 위협받기도 한다. 그런데 박쥐는 노화도 느리고 바이러스성 질병에도 강하다. 이렇다 보니 박쥐는 더더욱 장수할 수 있다.

도대체 박쥐는 어떻게 바이러스에 잘 버텨낼 수 있는 걸까? 이에 대한 연구와 학계의 의견은 아직도 다양하게 엇갈리고 있다. 내가 재미있게 생각하는 연구 결과 중 하나는, 영국의 생물학자 에밀리 크레이튼Emily Clayton이 2020년에 발표한 인터페론interferon 관련 연구다. 이 연구에 따르면, 박쥐는 인터페론이라는 물질을 매우 독특한 방식으로 뿜어내서 몸속의 바이러스를 효과적으로 조절하고 관리하는 능력을 지닌 것으로 보인다.

인터페론은 단백질에 약간의 당분이 결합된 독특한 물질이다. 다이어트를 생각하면 단백질은 근육을 키우는 데 도움을 주고, 당분은 살이 찌게 하는 다이어트의 적처럼 보인다. 하지만 사람의 몸에는 단백질과 당분이 합쳐져 있는 성분도 많다. 그중에서도 인터페론은 바이러스 같은 물질이 몸 밖에서 몸속으로 들어왔을 때 몸에서 자연스럽게 뿜어져나와 바이러스의 활동을 방해하는 역할을 한다. 말하자면 인터페론은 우리 몸 안에서 자동으로 만들어지는 소독약과 같다.

인터페론 덕분에 사람은 한 번도 경험하지 못한 바이러스가 몸에 들어와도 어느 정도 방어하며 견딜 수 있다. 특히 인터페론은 어류, 양서류, 파충류, 조류, 포유류 같은 척추동물만이 가진 특징이다. 다시 말해 곤충이나 가재, 오징어, 문어 같은 무척추동물은 인터페론으로 바이러스를 방어하는 재주가 없다.

상상해보면, 약 5억 년에서 6억 년 전쯤 우리의 먼 조상인 물고기에서 이런 재주가 시작됐을지 모른다. 이 물고기는 우연히 바이러스와 싸우기 위해 인터페론을 내뿜는 능력이 생겼고, 이후 그 후손들이 진화를 거치며 어류, 양서류, 파충류, 조류, 포유류로 다양하게 변화했을 것이다. 그렇게 해서 오늘날 사람이나 박쥐 역시 인터페론 능력을 물려받았다고 볼 수 있다.

그런데 인터페론에도 부작용이 있다. 바이러스를 물리치기 위해 일으키는 면역반응이 과도하면 오히려 그 때문에 몸에 문제를 일으킬 수 있다. 열이 나고 몸살이 생기며 온몸이 쑤시는 증상이 나타나는 것도 그 때문이다. 그나마 가볍게 앓고 지나가면 다행이지만, 경우에 따라서는 과도한 면역반응이 걷잡을 수 없이 커지면서 심각한 피해로 이어지기도 한다.

게다가 바이러스는 매우 빠른 속도로 진화하며 다양한 방식으로 몸속에서 살아남으려는 특성을 지닌 경우가 많다. 때로는 상상도 못할 기괴한 전략으로 면역 체계를 교란하기도 한다. 그래서 요즘에는 바이러스가 몸을 직접 공격하는 것 못지않게 바이러스를 물리치려는 면역반응 때문에 더 큰 피해를 입는 일도 많다.

박쥐는 인터페론을 다루는 방식이 사람과 다르다. 사람은 바이러스에 감염된 뒤에야 인터페론을 내뿜기 시작하지만, 일부 박쥐는 감염되지 않았을 때도 인터페론을 어지간히 몸속에 퍼트린 채 살아간다. 마치 바이러스가 몸에 들어오기 전에 미리 약을 뿌려놓는 듯하다.

그렇다고 박쥐가 무턱대고 인터페론을 마구 만들어내는 것은 아니다. 사람 몸에서 자주 생기는 몇몇 인터페론을 박쥐는 거의 만들지 않기도 한다. 이러한 절묘한 균형 덕분에 바이러스를 굳이 완전히 없애지 않고 몸속에 품고 살면서도 바이러스로 인한 피해를 막을 수 있는 듯싶다.

사람 입장에서 보면 박쥐의 이런 재주가 가끔은 골치 아픈 문제를 벌이기도 한다. 원래 박쥐는 해충을 잡아먹고 살아서 농사에도 도움을 주며 사람의 생활을 더 쾌적하게 만들어주는 대단히 유익한 동물이다. 비유하자면, 배트맨이 밤에 나타나 악당을 물리치듯 박쥐는 밤마다 모르는 사이에 해충을 퇴치해 주는 셈이다. 그런데 평소에 보지 못하던 낯선 박쥐를 사람이 갑자기 마주하게 되면 이야기가 달라진다. 그 박쥐의 몸속에는 사람에게 익숙하지 않은 낯선 바이러스가 숨어 있을 수 있기 때문이다.

현대의 과학자들은 전 세계적으로 악명을 떨친 코로나19 바이러스를 비롯해 21세기 들어 비슷한 양상으로 큰 피해를 준 사스SARS, 메르스MERS 역시 박쥐를 거쳐 퍼졌을 가능성이 있다고 보고 있다. 이런 바이러스들은 사람에게는 심각한 증상을 일으키며 큰 위협이 되지만, 박쥐의 몸속에서는 별다른 문제 없이 조용히 자리 잡고 퍼져나갈 수 있다.

가장 널리 퍼진 이야기를 꼽아보자면, 2020년 초만 해도 중국 사람들이 박쥐로 만든 요리를 먹었기 때문에 코로나19 바이러스가 박쥐에서 사람에게 옮겨졌다는 소문이 있다. 하지만 중국에서 박쥐 요리를 먹는 문화는 2019년에 갑자기 생긴 것도 아니고, 최근 연구를 살펴보면 박쥐에서 사람으로 직접 바이러스가 넘어왔다기보다는 중간 단계에서 다른 동물을 거쳤을 가능성이 있다고 보고 있다.

그렇다면 코로나19 바이러스가 박쥐의 몸속에서 사람이 사는 사회로 건너오게 된 원인은 어쩌면 생태계의 큰 변화 때문일 수 있다. 아주 오랜 세월 동안 사람과는 아무런 접점 없이 깊은 동굴 속에서 살아가던 박쥐들이 기후변화 같은 환경 문제로 인해 더 이상 그곳에서 살기 어려워졌다고 생각해보자. 만약 그랬다면 박쥐들은 살아남기 위해 어쩔 수 없이 새로운 터전을 찾아 다른 지역으로 이동했을 것이다. 날아서 멀리까지 이동할 수 있는 능력이 있는 만큼 그 과정에서 자연스럽게 사람과 마주치는 일이 생길 수도 있다. 사람 입장에서는 수백 년, 수천 년 동안 만난 적 없는 동물과 접촉하는 셈이다. 그런데 그 박쥐의 몸속에 어떤 낯설고 위험한 바이러스가 숨어 있을지 누가 알 수 있을까?

정말로 코로나19가 기후변화로 박쥐가 이동하면서 시작된 일인지는 아직 확실히 밝혀지지 않았다. 하지만 앞으로 기후변화를 비롯한 다양한 이유로 야생동물의 생태에 변화가 생기고, 그 때문에 또다시 새로운 바이러스가 사람에게 퍼질 가능성은 충분히 있다. 그래서 우리는 이 문제에 더 많은 관심을 기울여야 한다. 나는 서울대학교 수의과대학의 송대섭 교수가 이런 점에 대해 "모든 동물이 관심 대상이다"라고 말하는 것을 들은 적이 있다. 깊은 동굴에서 살아가는 박쥐가 도대체 우리 일상과 무슨 상관이 있을까 싶지만, 사실 그런 동물들을 깊이 이해하고 연구할 수 있는 전문 인력을 키우는 일은 코로나19를 겪은 인류에게 결코 사소하지 않은 중요한 문제가 되었다.

전설의 황금박쥐가 살아 있다?

한국에 사는 박쥐들 가운데 유독 사람들에게 관심을 많이 받은 종이 있다. 한국이 아닌 다른 지역에서는 결코 흔하게 볼 수 없어 한국에서 마땅히 연구해야 할 박쥐다. 바로 황금박쥐라는 별명으로도 유명한 붉은박쥐다. 붉은박쥐는 윗수염박쥐속에 속하는데, 이 속의 박쥐들은 대체로 몸집이 작고 세계 여러 지역에 널리 퍼져 있다. 그런데 윗수염박쥐속에서도 한국에 사는 붉은박쥐는 묘하게 불그스름한 털로 뒤덮여 있어 붉은박쥐라는 이름이 붙었다.

동굴 속에서 붉은박쥐를 발견해 전등을 비춰보면, 그 털빛이 더욱 강렬하게 반사되면서 눈에 띄게 빛난다. 그래서 한국에서는 황금박쥐라는 별명으로도 잘 알려져 있다. 보통 박쥐들은 대부분 거무스름한 색을 띠는데, 붉은박쥐는 붉은색이 확연히 감돌아 색감이 훨씬 또렷하게 느껴진다. 조금 과장해서 말하자면 그 빛이 마치 황금빛처럼 보인다고 할만하다.

한동안 붉은박쥐의 학명은 미요티스 포르모수스*Myotis formosus*로 알려져 있었다. 'formosus'는 라틴어로 잘생긴이라는 뜻인데, 조금 더 확장해서 보면 'Formosa', 즉 대만을 가리키는 말로도 해석될 수 있다. 그래서 이 학명은 잘생긴 윗수염박쥐 또는 대만 윗수염박쥐라고 번역되기도 한다. 실제로 붉은박쥐와 매우 비슷한 종들이 대만과 동남아시아 지역에서 발견되기 때문에 이런 이름이 꽤 적당하게 느껴지기도 한다. 반대로 생각해보면 겨울이 추운 한국에서 따뜻한 지역에 사는 박쥐가 용케 살아가고 있다는 게 신기한 일이다. 붉은박쥐의 이런 모습은 마치 끈질기고 의지가 강한 한국인의 모습과도 닮아 있는 듯하다.

2010년대를 지나면서 한국에 사는 붉은박쥐는 미요티스 포르모수스가 아니라 겉모습은 비슷하지만 다른 종인 미요티스 루포니게르*Myotis rufoniger*로 분류해야 한다는 주장이 힘을 얻기 시작했다. 그래서 최근에 발표되는 연구 논문들을 보면, 한국의 붉은박쥐는 대만의 붉은박쥐와 달리 미요티스 루포니게르라는 이름으로 표기되고 있다. 기왕 분류가 달라진 김에, 나는 황금박쥐라는 별명을 한국에 사는 붉은박쥐의 공식 명칭, 곧 표준어로 정해도 좋겠다고 생각한다. 마침 'rufoniger'에는 검붉은색이라는 뜻이 있으므로 미요티스 루포니게르라는 학명은 '검붉은 윗수염박쥐'라는 의미로 해석된다. 색깔에 초점을 둔 이름이라는 점에서 황금박쥐라는 별명과도 잘 어울린다.

황금박쥐는 원래도 희귀한 종이었고, 시간이 갈수록 수가 줄어드는 추세였다. 어쩌면 수만 년 전 빙하기가 본격적으로 시작되기 전 지금보다 훨씬 따뜻했던 한반도에 널리 퍼져 살던 생물이었을지도 모른다. 그러나 세월이 흘러 한반도에 혹독한 겨울이 찾아오자 따뜻한 환경에서만 생존할 수 있었던 생물들은 대부분 멸종하고 말았다. 그런 가운데 겨울철에도 기온 변화가 크지 않은 동굴 속에 머물며 겨울잠을 자는 황금박쥐는 일부나마 살아남는 데 성공한 것이 아닐까? 겨울잠을 자는 습성도 한반도의 추운 겨울을 견디는 데 도움이 되었을 것이다.

1990년대 초까지만 해도 한국에서 황금박쥐가 거의 사라졌다고 보는 회의적인 시각이 많았다. 그런데 1999년, 한반도 남서부 해안 인근 지역에서 황금박쥐가 집단으로 사는 장소가 발견되면서 황금박쥐에 대한 관심이 다시 높아지기 시작했다.

그 뒤를 이어, 2007년 1월 충청북도 진천의 한 마을의 이장이었던 피진호 선생이 마을 근처에 버려진 옛 광산에서 황금박쥐 떼를 발견하면서 한국 곳곳에 황금박쥐가 아직 남아 있을지 모른다는 희망이 생겼다. 특히 이 박쥐들이 발견된 장소가 우연히도 금을 캐던 폐광이었다는 사실은 더욱 인상 깊다. 더 이상 황금이 나오지 않는 황금 광산에서 황금만큼이나 귀한 황금박쥐가 나타난 것이다. 이 역시 황금박쥐라는 이름에 걸맞는 멋진 우연이라 할만하다.

피진호 선생이 지목한 금광은 이후 꾸준히 황금박쥐가 잘 나타나는 대표적인 장소로 자리 잡았다. 2009년 천연기념물센터에서 발간한 자료를 보면, 겨울잠을 자는 시기를 기준으로 다른 지역의 동굴에서는 황금박쥐가 9마리나 12마리 정도 발견된 반면, 충청북도 진천의 이 동굴에서는 39마리가 관찰되었다. 이후 충청북도 충주와 제천에서도 황금박쥐가 발견되면서, 붉은박쥐는 금광처럼 사람이 만든 인공 동굴을 좋아하는 경향이 있다는 사실도 드러나기 시작했다.

아직 확신할 수는 없지만, 어쩌면 사람이 만들고 버린 금광이 멸종 위기에 놓인 황금박쥐에게 마지막 안식처가 되어주고 있는 것은 아닐까? 한국에는 저절로 생긴 다양한 동굴도 많다. 하지만 이런 동굴은 아무래도 구조나 환경 조건 면에서 사람이 만든 인공 동굴과는 다를 수밖에 없다. 금을 캐기 위해 뚫은 굴은 자연적으로 형성되기 어려운 위치와 깊이로 만들어지는 경우가 많다. 어디까지나 추측에 불과하지만, 어쩌면 그런 인공 동굴들이 오히려 황금박쥐가 살기에 딱 좋은 환경일지도 모른다. 현재 관계 당국에서는 이러한 버려진 금광의 입구를 울타리로 막는 작업을 진행하고 있다. 사람이 마음대로 굴에 들어가는 것을 막는 동시에 박쥐들은 울타리 틈으로 드나들 수 있도록 배려하는 것이다.

2017년 서울대학교 수의과대학 박종화 교수 연구팀이 한국 황금박쥐의 DNA를 분석하면서 그동안 밝혀지지 않았던 신비로운 사실들이 드러났다. 예를 들어, 연구팀은 황금박쥐의 DNA에서 *N6AMT1*이라는 유전자를 찾아냈는데, 이 유전자는 독성 물질로 잘 알려진 비소와 반응하는 물질을 만들어내는 특징이 있다.

어쩌면 황금박쥐는 이 유전자 덕분에 비소를 먹어도 중독되지 않고 버텨내는 체질이 되었을지도 모른다. 비소 중독을 막으면서 건강하고 오래 살게 된 것일 수도 있다. 황금박쥐가 광산 속에서 다양한 광물 성분이 녹아 있는 지하수를 마시며 사는 습성과 이런 체질이 관련 있는 것은 아닐까? 다른 동물들은 그 지하수에 포함된 비소 성분에 중독되어 죽을 수 있지만, 황금박쥐만은 비소를 견디는 특수한 체질 덕분에 사람이 만든 광산속에서 유유히 살아남은 것이라고 생각해볼 수 있지 않을까?

같은 연구에서 발견된 *TYRP1* 유전자도 재미있다. 이 유전자는 몸속에서 멜라닌 색소가 생겨나는 화학반응을 조절하는 역할을 한다. 멜라닌 색소는 피부, 털, 눈 등을 검게 만드는 물질이다. 그래서 만약 사람에게 *TYRP1* 유전자의 영향이 강하게 나타나면 멜라닌 생성에 이상이 생겨 원래 어두운 색을 띠어야 할 부위가 불그스름하게 변할 수도 있다.

눈에 띄는 사례로 남태평양 솔로몬 제도에 예로부터 살아온 사람들이 있다. 이들은 피부색은 어두운데 머리카락은 노르스름하게 자라나는 특징이 있는데, 이 역시 지금은 *TYRP1* 유전자와 관련된 현상으로 추정하고 있다. 옛 유럽 사람들은 노랑 머리라고 하면 백인, 특히 북유럽 사람들에게 주로 나타나는 특징이라고 여겼다. 그런데 머나먼 열대 지역인 솔로몬 제도에서 피부색이 어두운 사람들의 머리가 노르스름한 것을 유럽 탐험가들은 대단히 기이하게 생각했다. 심지어 유럽이나 미국 탐험가가 이곳에 자손을 남겼기 때문이라는 소문까지 돌았다.

한국에서는 이런 노르스름한 머리색을 금발이라고 부른다. 황금박쥐 역시 *TYRP1* 유전자를 가지고 있기 때문에 독특한 털색이 나타난 것일 수 있으니 황금박쥐 역시 '금발 박쥐'라고 할만하다. 이런 면에서 보면 황금박쥐는 별명을 넘어 과학적으로도 잘 어울리는 명칭인 것 같다.

7장

담비 × 전라북도

호랑이 없는 산에서 왕이 되다

고구려의 동물이자 코리아의 동물

소설과 영화로 널리 알려진 《삼국지》 이야기에는 주인공 중 한 명으로 손권이라는 사람이 나온다. 손권은 고대 중국에서 천하의 3분의 1을 차지했다고 평가받던 세력가였는데, 유비라는 또 다른 세력가와 동맹을 맺어 더 큰 세력을 자랑하던 조조에 맞섰다. 그는 유비와 힘을 합쳐 조조에 대항해 적벽대전이라는 큰 전투를 벌여 극적인 승리를 거두었다. 이 전투는 조선시대 판소리 《적벽가》의 소재로 활용되어 한국인들에게도 매우 친숙하다.

이후 손권은 세력을 차근차근 넓혀 결국 황제의 자리에 올랐고, 자신이 세운 나라를 오나라라고 불렀다. 손권의 오나라, 조조의 세력이었던 위나라, 유비가 세운 촉나라는 당시 중국을 이루던 세 나라였기 때문에 이 시기를 다룬 역사책에 《삼국지》라는 이름이 붙게 되었다.

서기 233년 한반도의 고구려는 바로 그 손권과 교류하기 위해 외교 사절단을 바다 건너 중국 남부로 보냈다. 그때 고구려 외교관들이 손권의 환심을 사기 위해 여러 선물을 준비했는데, 그중에 담비 가죽이 무려 1,000장이나 포함되어 있었다고 한다. 담비는 아시아 동부 지역에 사는 동물로, 족제비와 비슷하게 생겼지만 몸집이 더 크고 꼬리가 풍성한 것이 특징이다. 이 때문에 담비 가죽은 예로부터 귀한 사치품 재료로 여겨졌다. 고구려 조정에서 손권에게 담비 가죽을 한두 장도 아닌 1,000장이나 보낸 것은 그만큼 손권에게 강한 인상을 주려는 의도가 있었을 것으로 보인다.

보기에 따라서는, 처음 교류하는 이웃 나라에 담비 가죽을 대량을 보낼 만큼 고구려 사람들이 담비를 고구려의 특산품이자 고구려 땅을 상징하는 물품으로 여겼다는 생각도 든다. 조선 시대에 사람들이 외국과 교류할 때 인삼을 자주 선물했던 것과도 비슷하다.

아닌 게 아니라 당시 고구려 상인들은 주변 민족들과 활발히 교류하면서 인근 여러 지역에서 담비를 입수해 담비 가죽을 넉넉히 확보해두었던 것으로 보인다. 사냥에 능한 주변 민족들이 넓은 숲과 깊은 산속에서 담비를 잡아오면, 고구려는 그 가죽을 받아 저장해두고 대신 고구려의 기술로 만든 물품을 주었을 가능성이 크다.

《후한서》를 보면 고구려 동쪽에 동옥저라는 지역이 있었고, 그곳 사람들은 고구려의 지배를 받았다고 전해진다. 그래서 동옥저는 고구려에 담비 가죽으로 만든 옷감을 비롯해 생선, 소금, 해산물, 심지어 아름다운 사람까지 바쳐야 했다고 한다. 또 《수서》에는 고구려가 서쪽으로는 지금의 몽골 지역에 있었던 실위라는 민족과도 교류했다는 기록이 있다. 실위 사람들은 나무 위에 집을 짓고 살았으며 여성은 머리카락을 휘감아 틀어 올리는 독특한 풍습이 있었다. 이들이 사는 지역에는 담비가 많았다고 한다. 그런데 《수서》에 따르면, 실위는 철을 생산할 자원이나 기술이 부족해 필요한 철을 모두 고구려로부터 수입해 사용하고 있었다. 이런 기록들에서 알 수 있듯 고구려는 철로 만든 무기나 생활도구 등을 수출하고, 그 대가로 실위 민족이 몽골 지역에서 사냥해온 담비를 들여왔을 것으로 보인다.

그러고 보면 고구려의 뿌리가 되는 나라로 더 앞선 시대에 번성했던 부여에서도 담비 가죽은 인기 있는 상품이었다. 《삼국지》를 보면 부여 사람들은 외국에 나갈 때 아름다운 무늬가 수놓인 비단옷을 입었고, 특히 부유하고 지위가 높은 사람들은 그 위에 가죽 옷을 덧입었다고 한다. 그 가죽의 재료 중 하나로 지목되는 것이 바로 담비 가죽이다.

고구려 이후 같은 땅에 세워진 발해는 담비 가죽을 더욱 귀중한 상품으로 여기고 활발히 거래했을 가능성이 크다. 특히 일본과의 무역에서 담비 가죽은 큰 인기를 끌었다. 《대일본사》에 따르면 서기 919년 발해의 외교관이던 배구라는 사람이 일본을 방문했을 때, 일본의 한 왕자가 발해 사절단에게 기죽지 않기 위해 계절이 한여름이었는데도 담비 가죽으로 만든 옷을 무려 여덟 벌이나 겹쳐 입고 나타나 사람들을 놀라게 했다는 우스운 전설도 있다.

심지어 현대 러시아의 역사학자 E. V. 샤브쿠노프E.V. Shavkunov는 중국에 실크로드, 즉 비단길이 있었던 것처럼 발해에도 '담비길'이 있었을 것이라는 학설을 제시했다. 그의 주장에 따르면 지금으로부터 약 1,200년 전 몽골 일대를 지나는 길을 통해 발해 사람들과 중앙아시아, 중동 지역의 상인들 사이에 활발한 교류가 이루어졌으며, 이 과정에서 발해가 거래한 담비 가죽은 국제 무역을 이끄는 소중한 상품이었다. 한국전통문화대학교 융합고고학과 정석배 교수도 2016년에 발표한 연구 논문에서, 담비길이 실크로드만큼 왕성하게 활용되었다고 단정할 수는 없지만 소그드인을 비롯한 이란계 민족들과 발해 사이의 교류가 상당히 활발하게 이루어졌다는 점은 사실로 보이며, 이러한 교역 속에서 담비 가죽이 자주 거래되었을 것이라는 의견을 밝혔다.

그렇게 생각해보면, 어쩌면 한국인들이 처음으로 세계에 널리 알려지게 된 계기 중 하나는 담비 덕분이었을지도 모른다. 고구려인들이 외교와 무역에서 대표 상품으로 내세운 것이 담비 가죽이었고, 이후 고구려의 나라 이름이 고려로 바뀐 뒤 세계에 코리아라는 이름으로 알려졌다는 점을 떠올려보면, 담비를 고구려의 동물이자 코리아의 동물이라고 부르는 것도 큰 과장은 아닐 것이다.

그 정도로 담비가 인기 있는 상품이었으니, 후대의 조선 사람들도 담비에 얽힌 재미난 이야기를 몇 가지 남겼다. 예를 들어 조선 후기의 실학자이자 문인인 이덕무는 중국의 전설이나 신화에 나오는 이상한 괴물들 가운데 일부가 사실은 담비를 보고 착각하거나 과장해서 생겨난 것일 수 있다고 추측했다. 그의 책《앙엽기》를 보면 이런 대목이 나온다. "중국 사람들이 잘 몰라서 그렇지, 담비의 본고장인 한국 사람들 입장에서 보면 그것은 괴물이 아니라 담비를 보고 엉뚱한 이야기를 갖다 붙인 것에 불과하다"라는 식의 설명이 실려 있다.

특히 이덕무는 중국 고전에 나오는 '경獍'이라는 신비한 동물이 사실은 담비를 착각해서 생겨난 것일 수 있다고 이야기했다. 옛 중국 전설을 보면 경이라는 동물은 호랑이처럼 생겼지만 크기는 훨씬 작고 대신에 성질은 매우 사납고 잔인한 짐승으로 묘사된다. 그래서 경은 종종 나쁜 사람을 비유하는 말로 쓰였고, 중국 고전을 열심히 익힌 고려나 조선의 작가들도 경을 악의 상징으로 인용하곤 했다.

사악한 괴물에서 행운의 상징으로

담비는 실제로 호랑이에 비해 몸집이 훨씬 작고 외모도 귀여우며 앙증맞다. 그런데 사냥 솜씨는 놀라울 만큼 뛰어나서 자기보다 큰 동물도 곧잘 이기고는 한다. 아마 이런 이야기가 중국에 전해지는 과정에서 점점 과장되고 오해가 더해졌을 것이다. 귀여운 족제비처럼 생긴 동물이 알고 보니 굉장히 사납고 무서운 성질을 가졌다는 말은 사람들의 호기심을 자극하기에 충분했을 것이다. 그렇게 퍼진 소문은 점점 더 자극적으로 바뀌었고, 결국에는 '보기에는 멀쩡하지만 실상은 무시무시한 짐승' 같은 말로 굳어졌는지도 모른다.

좀 더 지나 조선 후기 학자인 조재삼은 중국 고전에 나오는 '비휴貔貅'라는 동물이 담비를 착각한 것일 수 있다고 주장하기도 했다. 비휴는 대체로 표범과 비슷한 무서운 동물로 묘사되는데, 주로 용맹한 사람이나 훈련이 잘된 늠름한 군대를 비유하는 말로 중국에서 자주 쓰였다. 고려와 조선의 작가들도 중국 고전의 영향을 받아 '비휴처럼 용감한 장군'이라든가 '비휴처럼 듬직한 군사들'이라는 표현을 종종 사용했다. 요즘에는 시간이 흐르면서 전설이 다시 변화해 비휴가 돈을 불러오는 동물, 재물을 가져오는 행운의 상징이라고 사람들이 생각하는 이야기도 눈에 띈다.

그런데 조재삼이 쓴 《송남잡지》를 보면, 중국 전설 속 괴물 비휴가 사실 담비를 과장한 이야기인 것 같다는 추측이 나온다. 조재삼은 담비가 무리를 지어 다니는 습성이 있어서 설령 호랑이나 승냥이 같은 큰 동물이라도 작은 담비 무리를 쉽게 이겨낼 수 없다고 설명했다. 그래서 여러 명이 단결해서 잘 싸우는 군기가 잡힌 군대와 담비 무리가 실제로 닮은 점이 있다는 것이다. 이런 점이 중국에서 신비한 괴물처럼 과장되어 비휴 전설로 발전했다는 해석이다.

"호랑이 잡는 담비"라는 한국 속담이 있다. 작고 보잘것없어 보이지만 의외로 강하고 뛰어나서 함부로 무시하거나 대할 수 없는 사람을 비유하는 말이다. 이 속담이 생긴 까닭도 따지고 보면 담비가 조직적으로 협동하는 재주 덕분에 강한 위력을 발휘하는 데서 비롯되었다고 볼 수 있다.

담비가 협동을 통해 강력한 힘을 발휘한다는 점은 현대에 와서도 더 깊이 연구되는 주제다. 족제비나 담비처럼 생긴 대부분의 동물들은 보통 홀로 생활하기 때문이다. 담비와 비슷한 동물 중에서 무리를 지어 함께 사냥하는 경우는 드물다. 2021년 영국의 생물학자 조슈아 P. 트위닝Joshua P. Twining이 발표한 논문만 보더라도 담비 두세 마리가 무리를 지어 공격하는 행동을 여전히 신기하고 특이한 사례로 다루고 있다. 조선 시대 선비들에게는 이미 수백 년 전부터 너무나 당연했던 사실이 외국 학자들의 눈에는 이렇게나 특별하고 놀라운 현상으로 비치고 있다.

조금 더 자세히 따져보면, 담비의 생물학적 분류에 얽힌 복잡한 이야기가 있다. 우리가 흔히 담비라고 부르는 동물들은 보통 담비속*Martes*에 속한다. 이 담비속에는 여러 종이 포함되는데, 한국에서 흔히 담비라고 부르는 종 말고도 검은담비, 바위담비, 유럽솔담비, 태평양담비 등 다양한 종이 있다.

그중 한국에서 흔히 볼 수 있는 담비는 '노란목도리담비'라고도 불린다. 이름처럼 목과 어깨 부분에 노란색 털이 나 있는 것이 특징이다. 이 노란색과 검은색 털이 어우러진 모습은 아메리카나 유럽에 사는 족제비류에서는 찾아보기 힘든 독특한 생김새라서 더 멋지고 특별하게 느껴진다. 현재 남한 지역에 사는 담비는 이 노란목도리담비가 유일한 종이기 때문에, 한국에서는 그냥 담비라고 부르는 것도 자연스러운 일이다.

그런데 고대에 비싼 값에 거래되며 가장 귀하게 취급받던 담비 가죽은 우리가 흔히 말하는 그냥 담비, 즉 노란목도리담비가 아니라 검은담비였을 것으로 보인다. 검은담비의 학명은 마르테스 지벨리나*Martes zibellina*이며 담비속에 속하는 종이지만, 노란목도리담비의 학명인 마르테스 플라비굴라*Martes flavigula*와는 분명히 다른 종이다. 겉모습이 비슷하긴 해도 구분이 어렵지는 않다. 근현대의 러시아인들이 털가죽을 얻으려고 주로 사냥했던 담비도 바로 이 검은담비였다. 그러니까 아마 고대에도 검은담비 가죽이 그냥 담비의 가죽보다 훨씬 더 고급스럽고 귀하게 여겨졌을 것이다.

현재 검은담비는 백두산 근처 한반도 북동부와 러시아 동부, 시베리아 지역 등지에서 발견되고 있다. 그러므로 고구려가 옥저 지역에서 거두어들였다는 담비도 사실은 검은담비였을 수 있다. 옛 문헌에서는 여러 담비 종을 명확히 구분하지 않고 모두 '초貂'라는 한 글자로 적었기 때문에, 그 기록 속 담비가 검은담비인지 노란목도리담비인지는 불분명하다. 하지만 정황을 보면 과거 한국에서 상인들이 주로 거래한 담비 가죽은 지금 우리가 흔히 보는 노란목도리담비가 아니라, 실제로는 검은담비였을 가능성이 높다고 볼 수 있다.

특히 그냥 담비, 즉 노란목도리담비는 한반도뿐 아니라 멀리 중국 남부나 동남아시아 지역에서도 살고 있다. 이 말은 곧 이 담비가 적응력이 뛰어나고 넓은 지역에 퍼져 사는 동물이라는 뜻이다. 그렇다면 한반도 북부와 지금의 러시아 동쪽 끝 지역을 장악했던 고구려나 발해 같은 나라가 담비를 특산물로 삼아 주변 국가와 교류했다면, 어디서나 볼 수 있는 그냥 담비보다는 좀 더 희귀한 담비이지 않았을까? 더운 지방에서도 잘 사는 그냥 담비보다는 추운 지방에서 사는 검은담비가 고구려의 특산물로 더 걸맞았을지도 모른다.

다문화 사회로 성공한 고구려의 스승

하지만 나는 여전히 옛 한국인들이 그냥 담비인 노란목도리담비 또한 잘 알고 있었고, 당연히 그것도 담비로 취급했을 거라고 생각한다. 《양엽기》에서도 가죽에 대해 이야기하면서 얼룩진 무늬를 언급하는데, 이것은 노란색과 검은색이 섞인 그냥 담비에 더 잘 어울리는 설명이다. 또 《송남잡지》에서는 담비를 이야기하면 춘천 지역에 사는 담비를 예로 들고, 특히 담비의 협동 습성을 중요하게 다루고 있다. 이런 특징 역시 한반도 중부나 남부에 살면서 무리를 이루는 성향을 지닌 그냥 담비와 더 잘 맞아떨어진다.

말이 나온 김에 좀 더 이야기를 이어 가보자면, 나는 담비의 협동 습성이 고구려라는 나라의 기질과 닮아 있다는 생각을 해본 적이 있다. 얼마 전까지만 해도 한국인은 단일민족이라는 표현이 교과서에 실릴 만큼 흔했는데, 정작 코리아라는 이름의 뿌리가 된 고구려는 여러 민족이 뒤섞여 살던 나라였다. 오히려 고구려는 다양한 민족이 함께 어울려 살면서도 조화를 이루고, 다문화 사회를 잘 이끌어가면서 그 힘을 바탕으로 강한 나라로 성장했다고 볼 수 있다.

고구려는 중국 한족이 살던 지역을 정복하면서 점차 땅을 넓혀갔고, 그 과정에서 문화가 조금씩 다르던 옥저, 동예, 그리고 한반도 남쪽의 백제 지역까지 흡수하면서 그곳 사람들을 고구려의 일부로 받아들였다. 광개토대왕 시기쯤에 이르면 고구려는 서쪽 지역에 살던 선비족과 동쪽 지역에 살던 말갈족까지도 포용하면서 더욱 다양한 민족을 아우르게 된다. 결국 고구려라는 하나의 나라 안에는 원래 고구려인뿐 아니라 선비족, 말갈족, 중국의 한족, 옥저인, 동예인, 백제인 등 여러 민족이 함께 어울려 살았던 것이다.

그런데 고구려는 이 모든 사람들이 어울려 서로의 장점을 주고받으며 나라를 유지해나갔다. 나는 바로 여기에 고구려가 강한 나라로 성공할 수 있었던 비결이 있다고 생각한다. 서로 다른 문화를 지닌 사람들이 모여서 각자의 장점은 배우고 단점은 보완하며 살아갔을 것이다. 예전에는 고구려의 역사를 이야기할 때 주로 전쟁에 뛰어났다는 데에만 초점을 맞췄지만, 지금 우리가 고구려에서 진짜로 배워야 할 점은 이러한 다문화가 조화롭게 공존하며 함께 성장해나간 역사가 아닐까 하는 생각을 자주 한다.

그런데 재미있는 점은, 대부분 혼자 지내며 사냥하는 족제빗과 동물들 가운데서도 유독 한국에 사는 그냥 담비인 노란목도리담비만이 협동하는 모습을 잘 보여준다는 것이다. 고구려의 동물이라 할 수 있는 이 담비가, 다양한 민족이 어울려 살아가며 다민족 국가로 성공을 거둔 고구려 사람들과 근사하게 잘 어울려 보이지 않는가?

물론 그냥 우연이라고 넘길 수 있는 이야기이기는 하다. 하지만 기왕 상상하기 시작한 김에 더 멀리 상상해보자면, 고구려 사람들이 주변에서 함께 사냥하고 협동하는 담비의 모습을 보면서 실제로 무언가를 느끼고 배웠을 수도 있지 않을까 싶다. 마침 군대의 병사를 비휴라는 동물에 비유하고, 그 비휴가 담비를 가리킨다는 이야기도 전해지는 것을 떠올려보면 나는 이런 장면을 소설처럼 상상해보기도 한다.

고구려의 영웅들, 이를테면 군사를 잘 다룬 것으로 유명한 광개토대왕이나 안국군 달가 같은 인물이 나라의 미래를 고민하며 산길을 걷고 있다고 해보자. 그러다 우연히 한반도에 사는 작은 담비들이 힘을 합쳐 자신들보다 큰 사냥감을 잡는 모습을 본다. 그 순간 그들은 깨닫는다. "서로 다른 무리의 사람들끼리 잘 협동하면 나라를 강하게 만드는 비결이 되겠구나."
그렇게 해서 고구려인들은 담비처럼 서로 출신과 문화가 달라도 기꺼이 손잡고 협동하는 문화를 이루게 되었고, 그것이 고구려를 강하고 굳건한 나라로 이끌었다는 이야기다.

작지만 강한 생존왕

21세기 현재, 한국에서 담비는 바로 그 협동 능력 덕분에 야생 먹이사슬의 꼭대기, 즉 최상위 포식자가 되었다. 옛 이야기에서 모든 동물의 왕으로 등장하던 호랑이나 호랑이만큼 위협적인 표범 같은 동물들은 이미 오래전에 멸종되어 지금의 남한 지역에서는 자취를 감췄다. 이것이 현재 생태학계에서 일반적으로 받아들여지는 사실이다. 그래서 지금 한국의 산속 생태계에서 맨 꼭대기 자리를 차지하고 있는 포식자는 호랑이도 표범도 아닌 작고 귀여운 담비다. 그것도 혼자서 왕 행세를 하는 것이 아니라, 여럿이 힘을 합쳐 무리를 이루며 산을 지배하는 독특한 모습을 뽐내고 있다.

하기야 동물들끼리 격투 대회 같은 것을 열어 대결한다고 상상해본다면, 담비가 다 자란 멧돼지를 이기기는 어려울 것이다. 하물며 반달곰과 담비가 일대일로 맞붙는다면 아무리 담비가 날렵하고 영리하다 해도 승산은 매우 낮아 보인다.

그렇지만 멧돼지는 잡식성이긴 해도 주로 풀이나 나무 열매를 먹기 때문에 다른 동물을 일부러 사냥하는 경우는 거의 없다. 반달곰도 가끔 사냥을 하기는 하지만 역시 나무 열매를 먹고 살며, 무엇보다 그 수가 너무 적어 현재 한국 생태계에 미치는 영향은 매우 작은 편이다. 이렇게 본다면, 한국 산속에서 다른 동물에게 위협이 되는 사냥꾼 역할을 제대로 하는 동물은 담비 말고는 없는 셈이다.

담비가 노루나 고라니를 사냥하는 장면은 이미 여러 차례 관찰되었다. 담비의 체중은 평균 3kg 내외로 작은 강아지 정도밖에 되지 않는다. 그럼에도 자기 몸집보다 열 배 이상 큰 노루나 고라니를 사냥할 수 있는 이유는 여러 마리가 현란하게 힘을 합쳐 사냥하는 능력 덕분이다. 과학자들은 담비가 새끼 멧돼지 정도는 충분히 잡을 수 있다고 보고 있다.

이런 점을 생각해보면, 현재 한국에서 지나치게 늘어나 농작물에 피해를 입히고 있는 고라니나 멧돼지의 수를 줄여줄 수 있는 거의 유일한 동물이 바로 담비다. 2,000년 전 고구려와 부여 사람들을 상징하던 담비가 오늘날에도 여전히 한국의 산속에서 농민들을 도와주는 것이다.

도대체 호랑이나 표범처럼 훨씬 강한 동물들이 멸종되는 동안 담비는 어떻게 지금까지 살아남을 수 있었을까? 가장 쉽게 떠올릴 수 있는 이유는 담비의 작은 몸집이다. 몸이 작으면 위협을 느꼈을 때 더 잘 숨고 더 빠르게 도망칠 수 있다. 게다가 더 적은 먹이로도 살아남을 수 있고, 번식 주기가 짧아 새끼를 더 빨리 낳아 쉽게 기를 수 있다. 물론 덩치가 클 때 장점도 있다. 야생동물들 사이에서 덩치가 크면 힘겨루기에서 유리하니 생존에 유리한 특징이다. 하지만 그것은 동물들끼리 다툴 때나 통하는 이야기다.

20세기 초부터 사람이 본격적으로 산에 들어와 총을 들고 무분별하게 사냥을 시작하면서 상황은 완전히 달라졌다. 아무리 덩치가 커도 총알을 이길 수는 없고, 오히려 크고 눈에 잘 띄는 동물일수록 표적이 되기 쉬웠다. 결국 이들은 차례로 멸종의 길로 들어섰다. 이런 시대에는 호랑이보다야 담비가 작고 민첩한 몸을 이용해 더 잘 도망치고 숨을 수 있으니 살아남기에 훨씬 유리했을 것이다.

그러고 보면 담비가 나무를 잘 탄다는 점도 살아남는 데 아주 뛰어난 장점이라고 볼만하다. 높은 나무 위로 몸을 숨기거나 빠르게 도망치기 좋으니 그 자체만으로도 위험을 피하기에 유리하다. 그뿐만 아니라 먹이를 구할 때도 도움이 된다. 담비는 고라니나 노루 같은 큰 동물도 사냥하지만, 다양한 작은 동물을 주로 사냥하며 살아간다. 특히 나무를 잘 타기 때문에 한반도의 숲에 흔히 사는 다람쥐나 청설모 같은 나무 위에 사는 동물들을 잘 잡아먹을 수 있다. 게다가 나뭇가지 위에 있는 다른 동물의 새끼나 알도 먹는다.

반대로 한국의 여우들은 지상에서 쥐약에 중독된 동물들을 잡아먹다가 같이 목숨을 잃는 경우가 많았다. 여우가 땅에서 움직이며 위험에 노출된 반면, 담비는 나무 위에서 활동하는 일이 많아 그런 위험에서 상대적으로 벗어나 살아남은 게 아닐까 하는 짐작도 해본다.

게다가 담비는 식물도 잘 먹는다. 동물 사냥에 능한 포식자로 자주 소개되지만, 사실 다양한 열매와 과일도 즐겨 먹는다. 담비는 반은 육식, 반은 초식에 가까운 잡식성 동물이라 할 만큼 다양한 먹이에 잘 적응한 동물이다.

조선 중기 문신 이건이 쓴 《제주풍토기》를 보면 제주도에는 각씨당이라고 해서 신령 각씨를 모시는 장소가 있었다고 한다. 누군가 각씨에게 소원을 빌며 제물을 바치고 제사를 지낼 때, 만약 각씨가 그 제사를 마음에 들어 하지 않으면 돌 틈에서 이상한 노란 빛깔의 짐승이 나타나 제사 음식을 몽땅 가져가 먹어버린다고 한다. 말하자면 이 짐승은 각씨가 기분이 나쁠 때 보내는 각씨의 부하거나 각씨가 화났을 때 변신한 모습이라고 할 수 있겠다.

그런데 《제주풍토기》에는 이 짐승이 쥐보다는 크고 족제비보다는 작다고 나와 있다. 그렇다면 각씨를 상징하는 이 노란

짐승은 족제비를 닮은 동물이 아니었을까 싶다. 혹시 각씨의 정체는 제주도에 우연히 나타난 담비가 아니었을까?

지금은 제주도에서 담비가 산다는 보도를 거의 찾아보기 어렵다. 그렇다면 원래 제주도에는 담비가 없거나 아주 드물게만 살았을 텐데, 그런 섬에 어떤 이유로 담비 몇 마리가 흘러들어 왔고, 그것을 처음 본 사람들이 신기하게 여겨 담비를 각씨의 부하인 신령스러운 괴물로 여겼을지도 모른다. 담비는 과일을 잘 먹는 동물인데, 한국에서는 제사상에 과일을 많이 올리는 풍습이 있으니 제사 음식을 맛본 담비가 그 맛에 익숙해져 이후에도 가끔 나타났을 수 있다.

게다가 한반도 남부에 사는 담비는 노란색이 강하게 도는 부분이 많다는 점도 마침 전설 속 괴물의 묘사와 들어맞는다. 물론 담비는 족제비보다는 덩치가 큰 동물이기 때문에 《제주풍토기》의 설명과는 약간 어긋난다. 하지만 만약 전설 속 짐승이 어린 담비 무리였다면 어느 정도 말이 되지 않을까 싶다.

담비가 얼마나 다양한 음식을 잘 먹느냐 하면, 꿀을 좋아한다는 이야기까지 있을 정도다. 이런 속설은 이미 조선 시대 때부터 퍼져 있었던 것 같다. 이덕무가 《앙엽기》에서 담비에 대해 이야기하면서, 태조 이성계가 멋지게 잘 사냥했다고 전해지는 '밀구密狗'라는 동물을 함께 언급한다. 밀구를 한자 뜻 그대로 해석하면 '꿀강아지'라고 부를 수 있는데, 이덕무는 이 동물

역시 담비일 가능성이 있다고 보았다. 그는 조선에 전해지던 한 가지 속설도 소개한다. 담비는 꿀이 있는 곳에 꼬리를 집어 넣고 꿀이 묻으면 그걸 꺼내 핥아 먹는다는 것이다.

담비가 꼬리에 꿀을 찍어 먹는다는 이야기는 근거를 찾기 어렵다. 하지만 담비가 꿀을 좋아한다는 점은 현대에도 관찰된 바 있다. 《KBS 스페셜》에서는 지리산에서 양봉을 하던 사람의 벌통을 담비가 습격해 엎어버리는 장면을 촬영하는 데 성공하기도 했다. 이처럼 담비가 다양한 음식을 즐겨 먹는 잡식성 동물이라는 점은 변화하는 한반도 환경에서 살아남고 더욱 번성하는 데 큰 도움이 되었을 것이다.

호랑이는 엄청난 힘과 누구도 감히 맞설 수 없는 위압적인 몸집을 지녔지만 큼직한 고기 사냥감을 제때 구하지 못하면 굶주릴 수밖에 없다. 반면 담비는 나무 틈에 숨어 지내며 떫은 산열매라도 씹어 먹고 정 안되면 벌집이라도 핥아가며 살아갈 수 있다. 그런 생존력 덕분에 끝끝내 살아남은 담비가 오늘날 야생의 지배자가 된 것이다.

나는 담비가 꼬리로 꿀을 찍어 먹는다는 조선 시대 속설이 담비가 '고양이 세수'를 하는 모습을 보고 생긴 오해가 아닐까 하는 생각도 해본다. 고양이는 자신의 털을 핥으며 깨끗하게 유지하는 습성이 있다. 한국에서는 그런 행동을 흔히 고양이 세수라고 부른다. 실제로 고양이뿐 아니라 토끼, 다람쥐 등 여러 동물이 털을 핥아 정리하는 비슷한 행동을 한다. 현대 과학자들은 이런 행동이 털에 붙은 벌레나 기생충을 제거하고 체온 조절이나 청결을 위해 발달한 습성이라고 본다.

이런 행동을 영어로는 그루밍grooming이라고 부르는데, 족제빗과 동물들 사이에서도 자주 관찰된다. 담비와 가까운 다른 동물들에서도 이런 습성이 확인되었다. 그렇다면 조선 시대 사람들이 한국에 살던 담비가 고양이 세수하듯 자기 털을 핥는 모습을 보고 "왜 쓸데없이 자기가 자기 털을 핥지? 혹시 꿀이라도 묻어 빨아 먹는 건 아닐까?" 하고 상상하지는 않았을까?

재미있는 현상 중 하나는, 원숭이처럼 사회성이 강한 동물들을 보면 자기 털뿐만 아니라 남의 털도 깨끗하게 손질해주는 행동이 자주 관찰된다는 점이다. 이런 행동을 알로그루밍allogrooming이라고 한다. 말 그대로 '짝 고양이 세수'라는 뜻이다. 과학자들은 알로그루밍을 통해 동물들 사이에 유대감이 생기고, 옥시토신oxytocin이라는 호르몬이 활발하게 분비되면서 기분이 좋아지고 친밀감이 올라간다고 보고 있다.

옥시토신은 흔히 '사랑의 호르몬'이라고 불린다. 이 호르몬은 원래는 어머니가 자식을 낳은 뒤에 많이 나온다. 그런 만큼 자식을 아끼고 잘 보살피도록 사람의 마음을 바꿔놓는다고 할 수 있겠다. 어머니와 자식 관계가 아니어도 사람이 누군가를 껴안거나 손을 잡는 등 따뜻한 접촉을 할 때도 옥시토신이 분비된다.

이와 다르게, 도파민dopamine은 '기쁨의 호르몬'이라 불리며 설레는 감정이나 강한 자극, 연애 초기에 느끼는 짜릿한 기쁨에 관여한다. 흔히 연애 초반에는 도파민의 작용이 강하게 나타나고, 시간이 지나면서 도파민의 분비가 줄더라도 함께 지내며 애정 어린 접촉을 통해 옥시토신이 작용하면 두 사람 사이에 더 깊고 안정된 유대감과 행복이 형성된다고 알려져 있다.

그런데 옥시토신은 사람뿐만 아니라 새끼를 낳고 젖을 먹여 기르는 여러 포유류 동물의 몸에서도 관찰된다. 짐작하건대 이런 호르몬이 작용해야만 동물도 새끼를 애정을 가지고 돌볼 수 있으니 젖을 먹여 기르는 데 유리한 게 아닐까 싶다. 비교해보면, 알을 낳는 새들의 몸에서는 옥시토신 대신 옥시토신과 유사한 메소토신mesotocin이라는 호르몬이 분비된다. 이런 점을 보면 개나 고양이가 사람과 전혀 다른 것 같아도 생물 전체의 관점에서는 꽤 가까운 친척인 셈이다. 똑같이 몸에 옥시토신이 흐르고, 사랑이나 행복을 느끼는 방식 역시 크게 다르지 않다는 점에서 그렇다.

그래서 몇몇 과학자들은 동물들이 서로 털을 다듬어주는 짝고양이 세수 행동을 통해 남남 사이에서도 강한 공감이 생긴다고 본다. 독일의 진화생물학자인 캐서린 크록포드Catherine Crockford 등의 연구자들은 침팬지 같은 동물들이 무리를 이루고 단결해서 살아가는 것도 서로 털을 손질해주는 과정에서 옥시토신이 분비되어 정이 들고, 그 덕분에 협력이 가능해졌기 때문일 거라고 추측한다.

그렇다면 사람 역시 먼 옛날 이와 비슷한 방식으로 사회를 이루기 시작한 건 아닐까? 결국 사회를 하나로 엮은 힘도 자식을 낳아 보살피도록 돕는 옥시토신의 작용이었을지 모른다. 만약 인류의 조상들도 예전에는 서로의 털을 다듬어주며 공감과 이해를 나눴다면 인류 최초의 가장 원초적이고 중요한 직업은 어쩌면 미용사나 이발사였다고 말할 수 있지 않을까?

마침 2018년 인도의 학자 G. 아닐G. Anil은 닐기리담비는 담비속 동물이 서로 털을 다듬는 모습을 관찰해 학계에 보고한 적이 있다. 학명은 마르테스 그와트킨시이*Martes gwatkinsii*인 닐기리담비는 1990년대 중반까지도 한국의 담비와 같은 종으로 분류될 정도로 유사한 동물이다. 아직 과학적으로 확정된 사실이 아니기는 하지만 만약 한국의 담비도 서로 털을 골라주는 습성이 있다면, 그 과정에서 유대감이 생기고 공감 능력이 발달해 무리를 지어 사냥하는 독특한 협동심과 단결력이 생긴 것은 아닐까 하는 상상도 해볼 수 있다.

20세기 말까지만 해도 남한에서 담비는 사람의 발길이 거의 닿지 않는 깊은 산속에서만 산다는 이야기가 많았다. 주로 전라북도, 전라남도, 경상남도에 걸쳐 있는 지리산 산악지대가 담비가 사는 대표적인 지역으로 알려졌고, 그만큼 보통 사람이 담비를 직접 마주칠 수 있는 기회는 거의 없을 거라고 보았다.

그런데 2010년대 후반 이후로는 평범한 사람들이 담비를 목격하는 사례가 과거보다 훨씬 늘어나고 있다. 대표적으로 2019년 전라북도 전주의 민가 인근 야산에서 담비가 발견되어 촬영된 일이 있었다. 이 영상에는 담비가 나무에 올라가 까치 둥지를 공격하는 장면이 생생히 담겼고, 이를 통해 담비의 새 사냥 방식도 명확히 관찰할 수 있었다.

또 2021년 전라북도 진안에서는 도로에서 교통사고를 당한 담비가 발견되어 전북야생동물구조관리센터에서 치료를 받은 뒤 회복되어 산으로 돌아가기도 했다. 같은 해 전북 고창의 운곡람사르습지에서는 담비가 먹이를 물고 이동하는 모습이 뚜렷하게 포착되기도 했다. 이렇게 최근에는 전국 곳곳에서 담비가 자주 목격되고 있다.

혹시 담비가 산에서 살기 힘들어져 민가나 도시 쪽으로 내려오는 건 아닐까 하는 우려도 들 수 있다. 하지만 다행히도 2020년대 초반 들어 담비를 목격하는 일이 잦아진 현상은 한국의 산림 생태계가 회복되고 더 풍요로워지면서 담비의 수가 늘어난 결과일 가능성이 높아 보인다. 한겨레교육문화센터가 제작한 인터뷰에서 국립생태원의 우동걸 박사도 지금처럼 민가 근처에서 담비가 자주 보이는 이유는 그만큼 담비가 살아갈 수 있는 환경이 많아졌기 때문이며 이것은 희망적인 변화라고 설명했다.

결국 환경을 보호하려는 기술과 사람들의 노력이 쌓인 결과가 이렇게 담비라는 생명체의 모습으로 돌아오고 있는 셈이다. 앞으로 담비가 생태계의 균형을 지킬 만큼 충분히 번성해서 부여, 고구려, 발해 시대에 이어 다시 한반도의 명물로 자리 잡는 날이 오기를 기대해본다.

8장

반달곰 × 전라남도

쫓기던 동물에서
지키는 동물로

설악산 반달곰의 비극

혹시 'KM-53'이 무엇을 가리키는 말인지 알고 있는가? 얼핏 들으면 특수 장비나 비밀 요원 같은 느낌이 들지만, 그런 것과는 전혀 관련이 없다. 비슷한 이름인 KM-3는 실제로 한국 육군에서 사용하는 자주도하장비다. 이 장비는 평소에는 평범한 대형 트럭처럼 보이지만, 강을 만나면 군대가 물을 건널 수 있게 하는 배 역할을 한다.

KM-53은 한국 국립공원공단의 국립공원 야생생물보전원에서 관리하고 있는 반달가슴곰, 줄여서 반달곰 한 마리를 가리키는 말이다. 국립공원공단은 전라남도 구례를 중심으로 야생 반달곰 복원 사업을 진행하고 있다. KM-53에서 'K'는 이 곰이 한국Korea에서 태어났다는 뜻이고, 'M'은 수컷male이라는 뜻이며, '53'은 복원 사업에서 관리 중인 53번째 반달곰이라는 뜻이다. 즉 KM-53은 한국에서 태어난 53번째 수컷 반달곰이라는 의미다. 그렇다면 국립공원공단이 왜 반달곰을 관리하게 되었을까?

이야기의 시작은 1983년 설악산에서 일어난 한 사건으로 거슬러 올라간다. 이 사건은 귀여운 반달곰이 재롱을 부려 사람들에게 웃음을 줬다거나 곰이 갑자기 사람을 공격해 사고가 났다는 식의 이야기가 아니다. 사건의 주인공은 사냥꾼이 불법으로 쏜 총에 맞아 쓰러진 반달곰이다.

당시는 남한에서 반달곰이 이미 멸종된 것이 아니냐는 우려가 커지던 시기였다. 그런 와중에 설악산에서 덩치 큰 야생 암컷 반달곰이 발견되자 사람들은 놀라움과 함께 희망을 느꼈다. 그러나 그 반달곰은 총을 맞고 도망치다 지쳐 쓰러져 있었다. 내가 아는 한 이 곰은 설악산 지역에서 마지막으로 발견된 야생 반달곰이며, 복원 사업이 시작되기 전 한국에서 공식적으로 생포된 마지막 반달곰이기도 하다.

현장에 출동한 구조대원들과 공공기관 직원들은 곰의 몸을 담요로 덮고 밤새 곁을 지키며 간호했다. 다음 날에는 헬리콥터를 동원해 병원으로 옮기려는 시도도 있었지만, 안타깝게도 곰은 헬기에 오르지 못한 채 숨을 거두고 말았다. 이 안타까운 소식은 언론을 통해 널리 퍼졌고, 《경향신문》은 〈설악산이 울었다〉라는 제목으로 기사를 실었다.

요즘 설악산 등산로에 가보면 곳곳에서 반달곰 조형물이나 곰을 본뜬 안내판을 볼 수 있다. 그것들은 단순히 '이곳에 반달곰이 살고 있다'는 정보를 전하려는 게 아니라 '한때 설악산에 살았던 반달곰이 그립다'는 마음을 담은 상징물에 가깝다는 게 내 생각이다.

그렇다면 1983년 그 반달곰이 죽은 후 사람들은 어떤 행동을 했을까? 유전자를 분석하거나 몸을 과학적으로 연구했을까? 아니면 불법 사냥꾼을 잡기 위해 총알을 추적했을까? 1980년대 당시 상황은 지금 우리 상식으로는 상상하기 어려운 방향으로 흘러갔다.

그때 사람들은 죽은 곰의 쓸개를 꺼내 경매에 부쳤다. 2009년 4월 7일 《경향신문》에 실린 김택근 기자의 글에 따르면 그 반달곰의 쓸개 무게는 180g이었다고 한다. 그때는 곰의 쓸개를 '웅담'이라고 부르면서 귀한 약재로 거래하고 있었기 때문에 그 정도 무게면 꽤 큰돈이 될 거라고 판단했던 것이다.

대한민국의 역사에서 반달곰은 사람이 현대 이후 의도적으로 사냥하는 바람에 없어져버린 대표적인 야생동물이라고 할 수 있다. 호랑이와 표범은 20세기 중반이 되기 전에 남한 지역에서 사실상 멸종 단계에 접어들었고, 늑대 또한 빠르게 사라졌다. 그런 가운데 반달곰은 1980년대 초반까지도 사냥꾼들 눈에 띌 만큼 비교적 끈질기게 살아남았다.

그러나 수십 년에 걸쳐 수많은 사람들이 웅담을 노리고 반달곰을 공격하면서 그 수는 계속해서 줄어들었다. 정부가 불법 사냥을 단속하긴 했지만, 1983년 설악산 반달곰 사건에서도 드러나듯 당시에는 웅담을 귀한 약재로 여기는 인식이 너무 강해서 단속에도 한계가 있었다.

돌이켜보면 꽤 특이한 현상이다. 전통 한의학의 기본이라고 하는《동의보감》에 웅담이 약재로 언급되기는 하지만 그 효능은 황달, 열병, 눈병 등에 국한되어 있다. 그런데도 왜인지 20세기 한국에서는 웅담이 마치 젊음을 되찾아주고 활력을 북돋아주는 마법의 약이라는 생각이 이상하게도 널리 퍼져 있다고《한국일보》이순용 기자 등의 당시 기사에서 지적하기도 했다.

현재까지 화학자들이 웅담 속 성분을 분석한 결과, 어느 정도 효과가 있다고 밝혀진 대표 물질은 우르소데옥시콜산 ursodeoxycholic acid으로, 약자로 UDCA라고도 부른다. 2017년에는 가짜 웅담을 팔던 범죄자를 경찰이 잡았는데, 이때도 성분 분석 결과 UDCA가 검출되지 않아 그 쓸개가 곰이 아닌 돼지의 것이라는 사실이 밝혀졌다.

현대의 국내 제약사 연구 자료를 보면 우르소데옥시콜산이 간 질환 치료에 도움을 줄 수 있는 성분으로 소개되고 있다. 간이 나빠지면 황달 증상이 나타날 수 있으므로《동의보감》에서 웅담이 황달에 좋다고 한 내용과 UDCA의 효능이 공교롭게도 맞아떨어진 셈이다. 이런 이유로 웅담은 간 관련 치료제를 연구할 때 중요한 대상이었다.

그런데도 20세기 한국에서 웅담의 인기는 단순히 간에 좋다는 이유만으로 설명하기 어려울 정도였다. 그래서 반달곰은 불법 사냥꾼들이 큰 돈을 벌기 위해 달려들 만한 최고의 사냥감이 되었다.

그러다 보니 1980년대 이후 한동안 한국에서는 야생 곰이 아닌 사람이 관리하는 곰을 농가에서 키워 새끼를 치고, 수를 늘려 판매하는 일이 유망한 사업으로 여겨졌다. 이런 분위기 속에서 야생 반달곰의 멸종을 걱정하는 흐름과는 정반대로 일부 농가에서는 지나치게 많은 곰이 사육되면서 다양한 사회적, 윤리적 논란이 일었다. 현재 한국 정부는 2026년 1월 1일부터 모든 반달곰 사육과 웅담 채취, 판매를 전면 중단하겠다는 방침을 밝힌 상태다. 그 때문에 곰 사육 농가 문제는 그 나름대로 굉장히 복잡한 문제가 되었다. 이에 대해서는 언젠가 따로 이야기해볼 기회가 있으리라 생각한다.

귀여워서 살아남았다

설악산에서 마지막 야생 반달곰이 사라지고 1990년대에 들어서면서 반달곰을 바라보는 사람들의 시선도 점차 달라지기 시작했다. 야생동물과 생태계의 가치를 중요하게 생각하는 관점이 자리 잡기 시작했고, 동시에 중국이나 베트남 등지에서 훨씬 더 싼 값의 웅담이 들어오면서 굳이 위험을 무릅쓰고 국내에서 불법 사냥을 할 이유가 사라졌다.

여기에 의학의 발전도 한몫했다. 과거에는 웅담이 아니면 고칠 수 없다고 믿었던 질환들의 값싸고 효과적인 치료제가 나오면서 웅담이라는 약재에 대한 시선도 과거와는 달라졌다.

그렇게 '반달곰을 복원해보자'는 이야기를 꺼내볼 만한 분위기가 무르익게 되었다. 여기서 말하는 복원이란, 사람이 반달곰을 길러 야생에 풀어놓고, 그 반달곰이 새로운 터전에 정착해 살면서 후손을 퍼뜨려 결국 야생에서 스스로 살아가게 하는 작업을 말한다.

하지만 아무 곰이나 자연에 풀어놓을 수는 없었다. 수만 보면 농가에서 사육 중인 반달곰이 많지만 이 곰들은 복원 대상이 되지 못했다. 농가에서 기르는 반달곰들은 대부분 외국에서 수입된 곰의 자손으로 한반도 토종 반달곰과 유전적으로 거리가 멀다. 그래서 한반도의 생태계를 회복한다는 복원의 취지에 맞지 않다는 지적이 많았다. 게다가 이 곰들은 전부 사람 손에 길러졌기 때문에 야생에서 스스로 먹이를 구하고 자연에 적응하는 데도 큰 어려움이 있을 수밖에 없었다.

이처럼 복원에는 여러 복잡한 조건과 문제가 얽혀 있었기에 '과연 이게 옳은 일일까?'라는 회의적인 시선도 분명히 있었다. 이미 남한에서 반달곰이 멸종되었다면 그것은 도태의 과정이고 자연의 흐름이니 그대로 두는 게 맞지 않냐는 반론도 있었다. 거기에다 반달곰은 크기가 클 경우 몸무게가 150kg에 달하고, 키는 190cm 가까이 자라며 이빨과 발톱도 날카로운 맹수다. 이런 동물을 일부러 풀어놓았다가 자칫 사고라도 나면 어떻게 할 것이냐는 걱정도 뒤따랐다.

그런데 2000년 11월 29일, 어렴풋하게 찍힌 짧은 영상 하나가 한국 야생동물 보호와 복원 계획의 방향을 뒤흔들었다. 지리산 인근에서 반달곰을 봤다는 소문이 돌자 당시 진주MBC(현 MBC경남)가 현장에 카메라를 설치했는데, 그 영상에 실제로 야생에서 살아가는 반달곰의 모습이 찍힌 것이다.

나는 한 TV 프로그램 촬영 중에 우연히 반달곰 촬영에 참여했던 카메라 감독을 만난 적이 있다. 그는 20년이 지난 지금도 그 경험을 자랑스럽게 기억하고 있었다. 몇 달 동안 반달곰을 찍기 위해 산을 오르락내리락했지만 모두 실패하고 말았다고 한다. 그러다 마지막으로 한 번 더 해보자 했을 때 드디어 반달곰의 모습이 언뜻 포착되었다. 그는 그 순간을 두고 "정말 감격스러웠다"라고 회고했다.

이후 '지리산에 아직 야생 반달곰이 살아 있다'는 가능성이 힘을 얻으면서 반달곰 복원 사업은 본격적으로 활기를 띠기 시작했다. 만약 반달곰이 야생에 남아 있다면 그 살아남은 반달곰이 더 번성할 수 있도록 환경을 만들어주는 것은 충분히 해볼 만한 일이라는 공감대를 이룬 것 같다.

그렇다면 살아남은 야생 반달곰이 더 번성하기 위해 가장 필요한 조건은 무엇이었을까? 바로 친구와 가족이 될 수 있는 더 많은 반달곰 동료를 만들어주는 일이었다. 그렇게 해서 한국 정부가 처음으로 야생에 풀어놓기 위해 들여온 반달곰이 바로 RM-1이다.

RM-1이라고 하면 K팝 아이돌 팬클럽 구호처럼 들릴 수도 있지만, 앞에서 설명한 것처럼 여기서 'R'은 러시아Russia에서 왔다는 뜻이고, 'M'은 수컷을 뜻하며, '1'은 관리 번호를 말한다. 그러니까 RM-1은 러시아에서 온 수컷 반달곰 1호라는 의미다.

당국에서는 예전부터 한국에 살던 야생 반달곰들과 유전적으로 가까운 곰들을 다시 풀어놓기를 원했다. 과거 한국에 살던 반달곰들의 유전자와 섞여도 구분이 어려울 만큼 가까운 혈통의 곰들을 찾고자 했던 것이다. 그런데 마침 두만강 너머 러시아 동쪽 끝 지역에 살던 반달곰들이 그 조건을 만족할 만한 우수리 아종으로 분류되는 곰들이었다.

생각해보면 당연한 일이다. 곰들이 여권이나 비자를 받아서 국경을 넘나들지는 않을 테니, 옛날을 기준으로 보면 러시아 동쪽 끝 지역의 곰들과 한반도의 곰들은 자연스럽게 오가며 섞여 지냈을 것이다.

2006년 복원 사업이 시작되면서 당국은 RM-1, RM-2, RM-3, RF-4, RF-5, RF-6 총 여섯 마리의 반달곰을 러시아로부터 들여왔다. 여기서 'F'는 암컷female을 의미하므로, 수컷과 암컷이 세 마리씩이었다.

이후 정부는 중국과 북한에서도 한국의 옛 반달곰과 유전적으로 가까운 곰들을 추가로 들여왔다. 중국에서 들여온 곰들은 중국China을 나타내는 'C'를 써서 CF-36처럼 이름을 붙였고, 북한에서 온 곰들은 북한North Korea을 나타내는 'N'을 붙여 NF-7, NM-11 같은 식으로 부르게 되었다.

국립공원 야생생물보전원에서는 전라남도 구례에 있는 시설을 중심으로, 확보한 반달곰들을 넓은 사육장에서 자유롭게 돌아다니게 하면서 야생 적응 훈련을 시켰다. 이렇게 훈련을 거쳐 더 이상 사람의 손을 빌리지 않아도 자연에서 살아갈 수 있겠다고 판단되면, 지리산에 풀어주는 방식으로 복원 사업을 진행했다.

그와 동시에 국립공원 야생생물보전원은 들여온 반달곰들이 짝짓기를 통해 새끼를 낳도록 하고, 그렇게 새로이 태어나는 반달곰 수를 늘리는 일도 함께 진행했다. 이렇게 한국에서 태어난 반달곰들은 이름에 'K'를 붙여 구분했다. KM-53 역시 복원 사업이 시작된 지 11년이 지난 2015년, 한국에서 탄생한 수컷 반달곰이다.

이런 과정을 거쳐 야생으로 나간 반달곰들은 어떻게 되었을까? 복원 사업 초창기에는 야생에서 제대로 적응한 반달곰이 많지 않았다.

2004년 처음으로 야생에 방사된 여섯 마리 중 한 마리는 오래 살지 못하고 목숨을 잃었고, 네 마리는 당국에서 도로 시설로 데려와야 했다. 야생 환경에 잘 적응하지 못해 그대로 두면 생존이 어려울 것으로 보였거나 야생에 머물게 하는 것이 적절치 않다고 여겨졌기 때문이다. 어떤 곰은 방사된 지 얼마 되지 않아 사냥꾼들이 설치한 불법 덫에 걸려 사람이 직접 구조하러 나서야 했고, 또 어떤 곰은 병이 들거나 먹이를 제대로 구하지 못해 건강이 나빠진 상태로 발견되기도 했다.

그보다도 더 심각한 문제는 야생에서 적응해 살아남아야 하는 곰이 야생으로 가지 않고 자꾸 사람 가까이로 다가오는 일이었다. 이런 현상이 반복되면 복원 사업 전체가 실패로 돌아갈 위험이 컸다.

예를 들어, 초창기 지리산에 풀어주었던 천왕이라는 이름이 붙은 곰은 등산객들이 던져주는 음식을 자주 받아먹었다. 사람들은 반달곰을 신기하고 귀엽게 여겨 과자나 김밥 같은 걸 주었고, 곰은 그걸 기억해 등산로 주변으로 계속 내려왔다. 당국은 이를 적응 실패로 판단해 결국 3년 만에 곰을 다시 붙잡아 들여왔다. 그 곰을 살펴보니 과자를 어찌나 많이 받아먹었는지 이빨 절반 가까이가 충치로 상해 있었다고 한다.

반달곰이 사람 곁에 자꾸 찾아오면 발생할 수 있는 더 큰 문제는 안전사고다. 현재 한국에서 반달곰이 일으키는 사고 중 가장 큰 피해는 양봉 농가를 습격해 벌통에서 꿀을 먹는 일이다. 동화에서 자주 보듯 반달곰은 실제로도 꿀을 무척 좋아한다. 하지만 반달곰이 양봉 농가에 나타나면 꿀을 손가락으로 살짝 찍어 맛보고 도망가는 정도가 아니다. 여러 개의 벌통을 모조리 엎어버리거나 박살 낸다.

2005년에서 2013년 사이 8년 동안 집계된 반달곰으로 인한 양봉 농가 피해는 300건이 넘는다. 거의 일주일에 한 번 꼴로 지리산 근처 어딘가에서 곰이 꿀을 먹기 위해 나타나 벌통을 엎었다는 뜻이다. 좀 더 섬뜩한 사례로는 2023년 8월 반달곰이 지리산에서 염소를 키우는 목장에 나타나 우리를 넘어 들어가 염소를 물고 나온 일도 있었다.

다행히 지금까지는 대한민국에서 야생 반달곰에 의해 인명 피해가 발생한 적은 없다. 하지만 반달곰이 사람 주변에 자주 나타나는 상황이 계속된다면 언젠가는 사람이 공격당하는 사고로 이어질 가능성도 무시할 수 없다.

아닌 게 아니라 한국보다 야생 곰이 훨씬 더 많이 사는 일본에서는 2010년대 이후 곰이 사람을 공격하는 사고가 늘어나고 있다. 2023년 한 해에만 150명 이상이 곰 때문에 다치거나 목숨을 잃었다. 이처럼 피해가 커지자 일본 아키타현 등 몇몇 지역에서는 곰을 몇십 마리, 심지어 몇백 마리씩 사냥해 없애는 일도 벌어지고 있다.

반면 한국에서는 반달곰이 천연기념물이자 멸종위기종으로 지정되어 있으며 단 한 마리라도 야생에 잘 적응시키려고 예산을 투입하고 많은 사람이 매달려 애쓰고 있다. 그런데도 현재 한국에 사는 반달곰의 수는 겨우 몇십 마리 수준이다. 그에 비해 이웃 나라인 일본에서는 2017년 한 해 동안 아키타현에서만 817마리의 반달곰을 일부러 총으로 쏘아 없애버렸다.

이런 상황에서도 굳이 반달곰을 계속 보호하고 복원해야 할까? 더군다나 반달곰은 한국에만 있는 동물도 아니다. 중국에도 있고, 일본에는 너무 많아 오히려 걱정거리로 여겨질 정도다. 심지어 전 세계 여러 농장이나 보호시설에서도 반달곰이 사육되고 있어서 그 수는 이미 넉넉해 보일 만큼 많다.

그러나 한국의 반달곰 복원 사업은 여러 어려움 속에서도 꾸준히 진행되었다. 여기에 여러 이유가 있지만, 그중 하나로 사람들이 곰을 좋아한다는 점도 빼놓을 수 없는 중요한 이유로 꼽힌다.

민주주의 사회에서 정부가 추진하는 모든 일은 결국 국민의 관심과 지지를 받아야만 지속될 수 있다. 생태계를 보호하는 사업이라고 해도 예외는 아니다. 그래서 곰처럼 대중에게 호감과 상징성이 있는 동물이 보호 대상이 되면, 그만큼 정책적으로도 더 많은 자원과 관심이 쏠릴 수밖에 없다. 만약 반달곰이 아니라 벌레를 보호하는 사업이었다면 이렇게 오랫동안 이어지긴 쉽지 않았을 것이다.

곰 신령 숭배의 역사

남아 있는 옛 기록을 보면, 한반도에서는 고대에 곰을 산신령처럼 숭배하는 풍습이 곳곳에서 유행했던 것으로 보인다. 시간이 흐르면서 조선 시대 이후에는 산에서 강한 동물이라고 하면 호랑이가 그 자리를 굳건하게 차지하게 되었고, 곰을 숭배하던 기억은 점차 희미해졌다.

그렇지만 고대의 곰 숭배 문화의 흔적은 지금도 알게 모르게 조금은 남아 있는 듯하다. 국립공원야생생물보전원이 반달곰의 상징적 의미를 설명하며 '우리 민족과 함께해온 모신母神적 존재'라고 표현한 것도 바로 그런 문화적 맥락에서 비롯된 해석이라 할 수 있다.

한국 사람들 사이에 가장 널리 알려진 이야기는 단군 신화다. 이 신화에서는 한반도에 처음 나라를 세운 단군이 웅녀와 환웅 사이에서 태어났다고 전해진다. 곰은 쑥과 마늘만 먹으며 어두운 동굴에서 100일 동안 버티는 수행을 한 끝에 결국 여인으로 변신하게 되고, 하늘에서 내려온 환웅과 짝을 이뤄 아들을 낳는다. 이 이야기는 어린이부터 어른까지 누구나 알고 있을 정도로 유명한 신화다.

단군 신화에서 곰은 임금님의 어머니로 등장하니, 분명 존경과 숭배의 대상이었다고 볼 수 있다. 그리고 이런 곰에 대한 인식은 단군 신화에만 그치지 않고 다양한 문화 요소와도 넓게 연결되어 있었을 가능성도 충분하다.

예를 들어 《삼국유사》 〈기이〉 편을 보면, 고구려를 세운 주몽의 어머니가 하늘에서 내려온 해모수를 만난 장소가 웅신산熊神山이라고 되어 있다. 웅신산은 한자 그대로 해석하면 '곰 신령의 산'이라는 뜻이다. 이 기록은 곰을 신령처럼 여겼던 문화가 고대에 실제로 있었다는 것을 보여주며, 나아가 《삼국유사》가 나온 고려 시대까지도 그런 문화가 이어졌을 가능성을 보여준다.

사람과 곰이 짝을 이루는 이야기는 조선 시대의 전설에서도 찾아볼 수 있다. 《조선왕조실록》 1439년 음력 7월 2일 기록에는 함경도 회령 지역을 다스리던 관리가 임금이던 세종에게 당시 북방 지역에 살던 우지개라는 민족 사이에서 돌던 이야기를 보고한 내용이 나온다. 그 이야기에 따르면 벗나무 껍질을 벗기러 산에 간 여성들이 괴물 같은 곰에게 붙잡혔고, 그중 두 명이 곰과 함께 살게 되었다고 한다.

단군 신화와 우지개 민족 사이에서 돌던 이야기를 비교해보면, 우지개 이야기에서는 곰이 남성 역할을 하며 악당으로 등장하는 점이 단군 신화와 확실히 대조를 이룬다. 그렇지만 곰이 사람과 짝이 된다는 점에서는 묘하게 닮아 있다.

우지개 민족은 지금의 러시아 동쪽 지방과 시베리아 지역에 사는 우데게족을 가리키는 말로 보이는데, 이런 이야기가 조선 조정에까지 보고될 정도였다면 한반도 북쪽 인근 지방에서도 당시까지 비슷한 이야기가 사람들 사이에서 돌고 있었다는 뜻이다. 그렇다면 이후 조선 문화에도 이와 비슷한 이야기 구조가 여기저기 퍼져 영향을 주었을 가능성도 충분히 있지 않을까?

아닌 게 아니라 비슷한 구조의 전설은 한국 남주 지방에서도 발견된다. 비록 기록으로 확인되는 시점은 비교적 최근이지만, 1965년 《충청남도지》에 실린 곰나루 이야기가 있다. 이 전설은 충청남도 공주에서 전해 내려온 이야기다. 한 남자가 괴물 같은 암컷 곰에게 붙잡혀 한참을 함께 지내다가 시간이 흐르면서 곰의 신뢰를 얻는다. 그러던 중 남자는 기지를 발휘해 탈출하고, 나루터에서 배를 타고 강을 건너 도망친다. 곰은 남자를 원망하며 뒤쫓다가 강물에 빠져 목숨을 잃는다. 그때부터 이 나루터를 곰나루, 즉 곰의 나루라는 뜻으로 부르게 되었고, 이것이 공주의 옛 이름인 웅진이 되었다는 결말이다.

남부 지방에서도 곰을 신령으로 여긴 전설이 있다. 《삼국유사》에 실린 혜통에 대한 설화가 대표적이다. 이 이야기에는 사람을 병들게 하거나 정신을 이상하게 만드는 사악한 용이 등장한다. 혜통이 신통력으로 이 용을 물리치자 용은 기장산으로 달아난다. 이후 그 용은 곰 신령, 즉 웅신熊神이 되어 주위 사람들을 괴롭힌다. 여기서 기장산은 오늘날 부산 해운대구 기장군 일대로 추정된다.

곰 숭배 문화를 더욱 명확하게 보여주는 사례로는 웅산신당熊山神堂을 들 수 있다. 경상남도 창원시 진해구 일대에는 지금도 곰의 산이라는 뜻의 웅산熊山이 있다. 《삼국사기》에 따르면 신라 시대에 이 지역을 웅신이라고 불렀다고 전해진다. 이곳에서 정기적으로 나라의 제사를 지냈다는 기록도 남아 있는데, 이는 이곳에 곰의 형상을 한 산신령에게 제사를 지내는 풍습이 실제로 있었을 가능성을 뒷받침한다.

이 풍습은 조선 시대까지도 이어진 것으로 보인다. 조선 시대에 편찬된 《신증동국여지승람》에는 바로 이 웅산에 웅산신당이라는 건물이 있었고, 그곳에서 매년 두 차례 제사를 지냈다는 내용이 등장한다. 또한 사람들이 산에서 내려오며 종과 북을 울리고 노래와 춤 또는 가면놀이를 하는 잡희雜戲를 벌였다고 하니, 마치 현대의 퍼레이드처럼 떠들썩한 축제 분위기였지 않았을까 싶다. 곰 신령이라는 이름이 붙은 산신령을 향해 종소리와 북소리를 내며 행진한다는 점도 재미있는데, 왜 하필 음력 4월과 10월에 이 행사를 열었는지는 비슷한 다른 사례가 알려진 바가 없어 더욱 독특하게 느껴진다.

비교해보자면 동물을 신령으로 숭배하는 풍습은 다른 나라에서도 흔한 편이다. 고대 이집트 사람들은 고양이 모습을 한 바스테트 신이나 개의 머리를 한 아누비스 신을 숭배했다. 고대 유대인들 사이에서도 금송아지를 숭배하는 풍습이 때때로 유행했다는 이야기는 유명하다.

로마 제국에서는 로마를 세운 로물루스가 어릴 때 늑대 젖을 먹고 자랐다는 이야기가 널리 퍼져 있었고, 고대 인도에서는 가네샤라고 해서 머리가 코끼리 모양인 신을 숭배하기도 했다. 가네샤에 대한 인도의 신화는 불교 문화가 퍼지면서 일찍이 한국에도 전해졌는데, 고려 시대에 편찬된 《대방광불화엄경소》 같은 책에는 가네샤가 비나야가毘那夜迦라는 한자 이름으로 표현되어 있다. 그렇다면 이집트의 고양이, 로마의 늑대, 인도의 코끼리처럼 한반도의 몇몇 지역에서는 곰이 그와 같은 역할을 했던 시절이 있었던 것은 아닐까?

복원하면 뭐가 좋을까?

그러고 보면 신체 구조만 살펴봐도 반달곰은 신비한 이야기가 생겨나기 좋은 동물이다. 곰은 흔한 가축인 소나 말과 달리 앞발과 뒷발의 모양이 무척 다르게 생겼다. 뒷발은 길쭉한 반면 앞발은 더 넓적하고 둥글어서 마치 사람의 손과 발 같은 느낌을 준다. 게다가 이런 몸 구조 덕분에 반달곰은 사람처럼 두 발로 서는 자세를 자연스럽게 취할 수 있다. 나무에 열린 과일을 좋아하는 곰의 특성상 두 발로 서면 높은 곳에 달린 과일을 따기에 유리하니, 이런 능력이 발달한 것도 어쩌면 지극히 자연스러운 결과라고 볼 수 있다.

태국의 생태학자 두싯 응오쁘라셋Dusit Ngoprasert은 2012년에 발표한 연구에서 야생 반달곰이 높은 곳에 먹이를 매달아놓았을 때 흔히 두 발로 일어서서 먹이를 먹으려 한다는 관찰 결과를 보고했다. 2021년에는 반달곰이 나무에 자신의 냄새를 묻히는 행동을 할 때도 두 발로 선 자세를 자주 취한다는 연구도 나왔다.

미셸 파스투로는 책《곰, 몰락한 왕의 역사》에서 유럽 여러 지역에서 한때 곰 숭배 풍습이 유행했지만 점차 쇠퇴하고, 그 자리를 사자가 대신 차지했다고 분석한 바 있다. 그렇다면 한국에서도 비슷한 흐름이 있었던 건 아닐까? 한때 곰이 신성한 산신령의 상징이었다가 점점 악한 신령이나 괴물 같은 역할로 바뀌었고, 시간이 지나면서는 호랑이 이야기들이 중심을 차지하면서 곰에 대한 기억은 더욱 희미해졌을 수 있다.

한국 사람들 마음속에 아직 반달곰이 살아 있다는 이야기 말고도 복원 사업 당국은 과학적인 측면에서 반달곰 보호의 필요성을 강조하고 있다. 그중에서 가장 자주 나오는 이야기는 반달곰이 생태계에서 우산종umbrella species 역할을 할 수 있다는 주장이다.

우산종이란 생태계에 넓은 영향을 미치는 종을 말한다. 이런 종을 보호하면 그 종을 중심으로 같은 지역에 사는 여러 다른 생물들까지 함께 보호하는 효과가 생긴다. 마치 큰 우산 아래 여러 생물이 함께 비를 피하는 것과 같다.

예를 들어 동물이 거의 살 수 없는 사막에 아름다운 나비 몇 마리를 살게 하려면 작지만 잘 가꾼 화단이 필요하다. 그 나비와 애벌레가 먹고 살 수 있는 풀과 꽃이 자라려면 물도 있어야 하고, 영양분 많은 흙도 있어야 한다. 이런 환경이 갖춰지면 시간이 지나면서 그곳에는 나비뿐 아니라 메뚜기, 무당벌레 같은 다른 곤충들도 자연스레 모여들게 된다. 결국 나비를 살리려던 노력이 더 넓은 생태계를 살리는 결과로 이어지는 것이다. 이럴 때 나비는 우산종이 되었다고 할 수 있다.

만약 그 화단에 토끼도 살게 하려면 어떻게 해야 할까? 토끼가 살아갈 만큼 풀이 풍성하게 자라고, 뛰어다닐 수 있는 넓은 공간도 필요하다. 그러려면 애초에 만들었던 작은 화단을 더 크고 풍요롭게 확장해야 한다. 그 결과로 사막은 더 건강하고 생명이 넘치는 생태 공간으로 발전할 것이다.

나아가 우리의 목표가 반달곰이 정착해 잘 살아갈 수 있는 환경을 만드는 것이라면 훨씬 더 풍성하고 건강한 생태계를 유지해야 한다. 다시 말해 한국의 지리산에 반달곰이 자리 잡도록 하는 것을 목표로 삼고 그걸 실현하기 위해서는 자연히 지리산 전체 생태계가 더 풍요롭게 유지되도록 다양한 고려와 투자를 해야 한다.

더군다나 한국에서는 반달곰이 깃대종flagship species 역할을 할 수도 있다고 본다. 깃대종은 쉽게 말해서 사람들에게 생태계 보호의 중요성을 알리고 관심을 끌어내는 데 효과적인 대표 동물이다. 요즘 패션 업계에서 자주 쓰는 플래그십이라는 말처럼 깃대종도 생태 보전의 간판 선수 같은 것이라고 보면 된다. 사람들이 잘 알고 인기 있는 동물일수록 깃대종으로서 더 큰 역할을 한다고 생각해도 좋다.

예를 들어, "호주 서부 지역에 있는 120헥타르 숲에서 나무를 베는 일을 50% 정도 제한하자"라고만 말하면 사람들은 그 조치가 왜 필요한지 쉽게 와닿지 않을 수 있다. 하지만 "코알라가 잘 살아갈 수 있도록 숲을 보호해야 한다"라고 말하면 사람들은 훨씬 더 빠르게 그리고 감정적으로 그 필요성을 이해하게 된다. 이럴 때 코알라가 깃대종 역할을 한 것이다.

마찬가지로 반달곰에 대해 잘 알고 있고 친근감을 느끼는 한국인들에게 반달곰은 깃대종으로서 생태계 보호 사업을 쉽고 효과적으로 이끌 수 있는 중요한 상징이 된다. 패션 업계에서 명동 한복판에 플래그십 스토어를 여는 것처럼 지리산 생태계에서 반달곰은 그런 플래그십 역할을 한다고 볼 수 있다.

그렇기에 2000년대 중반에 곰들이 목숨을 잃거나 야생 적응에 실패하는 일들이 있었지만 한국 정부는 다양한 방법을 동원해 반달곰 복원을 끈질기게 이어갔다. 반달곰들이 자연에 더 잘 적응할 수 있도록 일종의 주민등록제도처럼 반달곰 하나하나를 모두 추적하고 관찰하는 방법을 마련했다. 야생에 풀어주는 곰마다 귀에 귀고리처럼 생긴 작은 안테나를 달았는데, 전파를 이용한 무선통신 장치였다.

이 장치를 통해 곰이 어디를 다니는지 파악하고 쫓는 방식이 지금까지 가장 널리 사용되고 있다. 그렇다고 해서 첩보 영화에서처럼 컴퓨터 화면에 곰의 위치가 빨간 점으로 표시되는 그런 간편한 시스템은 아니다. 연구원들이 지리산 깊은 산골짜기를 직접 누비면서 안테나를 이리저리 돌려가며 어느 방향에서 전파가 강하게 잡히는지 일일이 측정해야 한다. 이렇게 하나하나 데이터를 수집해서 곰의 위치를 추정하는 방식이다. 이렇게 곰을 추적하려면 곰보다 연구원들이 더 부지런히 산을 돌아다녀야 한다.

만약 추적 과정에서 문제가 있는 곰이 발견되면 연구원들이 현장에 찾아가 문제를 파악하고 도움을 준다. 예를 들어 불법으로 설치된 덫에 걸려 있다면 풀어주고 다쳤다면 치료하기도 한다. 특히 사람이 다니거나 사는 곳에 자주 접근하는 곰은 따로 생포해 다시 훈련 과정을 거친다. 이 훈련에서 자주 쓰는 방법 중 하나가 곰 스프레이를 이용하는 것이다. 곰 스프레이는 곰의 민감한 코에 닿으면 심한 불쾌감과 통증을 주는 물질이다. 그래서 곰이 사람 근처에 다가올 때마다 이 스프레이를 맞는 경험을 반복하게 되면 그 곰은 이후로 사람을 피하게 된다.

비슷한 방식으로 벌통에 대한 훈련도 진행한 사례가 있다. 자꾸만 양봉장의 꿀통을 뒤엎는 반달곰이 있다면 곰을 생포해 꿀통에 다가가면 곰 스프레이를 맞는 경험을 하게 한다. 그렇게 한번 학습이 되면 그다음부터는 꿀통 근처에 다가가지 않게 된다.

당국에서는 반달곰을 대하는 시각 자체를 바꾸기 위해 애쓰기도 했다. 예를 들어, 2006년부터 국립공원 야생생물보전원에서는 반달곰에게 이름을 붙이는 일을 중단하고 번호만 붙여 구분하기로 했다. 이름을 자꾸 부르다 보면 아무리 주의해도 사람 마음에 어느새 정이 들기 마련이다. 그렇게 되면 반달곰도 자연스럽게 사람을 친숙하게 여기게 된다. 그러면 야생에서 반달곰이 적응해 스스로 살아가는 데는 방해가 될 뿐이다. 현재 한국에서 지리산 반달곰들이 이름 대신 KM-53 같은 특수요원을 연상케 하는 번호로 불리는 이유가 바로 여기에 있다. 007이 살인 번호라면 KM-53은 생태 번호인 셈이다.

나는 이 사연이 자연을 대하는 사람의 마음과 자연 보호를 위한 노력이 얼마나 복잡하고 묘한 관계를 맺고 있는지를 잘 보여준다고 생각한다. 동물에게 먹이를 주며 기뻐하고, 그 동물이 자신을 따르고 의지하는 모습을 보며 뿌듯함을 느끼는 마음은 누구나 가질 수 있다. 어떤 동물이 자신에게 마음을 연다고 느끼면 그 동물과의 관계가 특별하다고 생각하게 되는 것도 자연스러운 일이다.

사람은 본래 무리를 이루며 살고, 약한 사람을 보살피고 도우려는 본능이 있다. 그런 점에서 보면, 동물을 돌보며 정이 드는 것은 사람으로서 자연스러운 감정이다. 그리고 이런 감정 덕분에 사람은 자연을 지키기 위해 더 노력을 기울이게 된다.

환경 보호를 위한 투자를 늘리는 데에도 이런 감정이 득이 될 때가 많다.

하지만 동물과 식물을 '잘 대해주겠다'는 선한 마음만으로 좋은 결과가 나오는 것은 아니다. 반달곰이 지리산 야생에 잘 적응하려면 반드시 사람을 멀리하고 두려워하도록 만들어야 한다. 반달곰을 좋아하고 도와주고 싶은 마음이 클수록 오히려 그 곰이 사람을 피하고 거리를 두도록 훈련시켜야 한다. 이것이 자연 보호가 어려운 이유이며 냉정하고 철저한 연구가 필요한 이유다. 이 부분에서 실패하면 반달곰은 우산종으로서 역할을 하지 못할 뿐 아니라, 지역 주민들에게 위협이 되는 천덕꾸러기로 전락할 수도 있다.

한국의 반달곰 복원 사업은 2009년 2월 말이 되어서야 중요한 고비를 하나 넘기게 된다. 당시 연구원들이 겨울잠을 자는 반달곰을 추적하던 중 이상한 소리를 들은 것이다. 반달곰들이 겨울잠을 잘 자고 있는지, 어떤 상태로 잠들어 있는지는 매우 중요한 관찰 대상이다. 곰이 겨울잠을 자는 이유는 먹을 것이 부족한 추운 겨울을 아무것도 하지 않으며 버티기 위해서다. 다시 말해, 겨울잠을 제대로 자야만 먹지 않고도 살아남을 수 있다는 뜻이다. 만약 겨울잠을 잘 자지 못하면 먹이 부족으로 목숨을 잃을 수도 있다.

하지만 반달곰 같은 큰 동물이 겨울잠을 잔다는 건 결코 쉬운 일이 아니다. 겨울잠에 들어가기 전에 충분한 먹이를 먹어 두고, 그 에너지를 지방 형태로 몸에 쌓아둬야 겨울을 무사히 날 수 있다. 이미 이 단계부터 큰 도전이다. 게다가 겨울잠을 잘 안전한 장소를 찾는 것도 쉽지 않다.

보통 곰들은 바위틈이나 나무 구멍 같은 곳에 들어가 겨울을 보내는데, 반달곰이 들어갈 만큼 큰 바위틈이나 나무 구멍은 드물다. 이런 환경에서도 반달곰은 겨울잠을 자는 동안 새끼를 낳고, 그 새끼와 함께 지내야 하기 때문에 겨울잠을 잘 장소를 구하는 일은 결코 대충 넘어갈 수 없다. 결국 반달곰이 무사히 겨울을 보내고 살아남으려면 반드시 집을 찾아야 한다. 그래야만 생존할 수 있고 종을 이어갈 수 있다. 말하자면 한국의 반달곰도 그만큼 부동산 문제를 고민하는 셈이다.

반달곰들은 마땅한 잠자리를 찾지 못하면 직접 나뭇가지나 풀 줄기 같은 재료를 모아 집을 짓기도 한다. 이렇게 만든 집을 흔히 '탱이'라고 부르며, 곰이 만든 탱이라는 뜻에서 '곰탱이'라고 부르기도 한다. 우리는 종종 어리숙하고 둔한 사람을 두고 '미련 곰탱이'라고 하는데, 실제로 곰이 만든 곰탱이를 보면 미련하다기보다는 오히려 정성스럽고 신비로운 느낌이 든다.

곰탱이를 곰이 만든 줄 모르고 보면 마치 커다란 새 둥지처럼 보인다. 특히 다 큰 반달곰이 들어갈 수 있는 크기의 곰탱이는 생각보다 커서 얼핏 보면 "이렇게 큰 둥지에 사는 새도 있나? 혹시 옛날에 공룡만 한 새가 살았던 건 아닐까?" 하는 상상까지 들게 한다.

곰탱이는 모양도 제법 가지런하고 동그랗게 잘 만들어져 있다. 그런 둥지를 곰이 큰 발과 손으로 직접 만들었다고 생각하면, 놀라울 만큼 공들여 지은 것처럼 느껴진다.

2006년 처음으로 야생에 풀려난 러시아 출신 반달곰 여섯 마리 중 세 마리가 직접 곰탱이를 만들었는데, 신기한 점은 이때 사용된 재료가 조릿대였다는 것이다. 조릿대는 작은 대나무의 일종으로 날씨가 너무 추운 곳에서는 보통 자라지 않는다. 그렇다면 이 곰들이 원래 살던 러시아에서 조릿대는 보기 어려운 식물이었을 것이다. 처음 본 조릿대를 관찰하고 그것을 이용해 스스로 겨울을 날 집을 지었다는 뜻이다. 그렇게 보면 곰탱이라는 말은 미련함보다는 창의력의 상징이라고 할만하지 않을까?

그리고 2009년 2월, 연구원들이 겨울잠을 자고 있는 반달곰을 관찰하던 중 굴 안에서 들려오는 독특한 울음소리를 들었다. 연구원들은 그것이 겨울잠을 자던 반달곰이 낳은 새끼가 내는 울음소리라고 짐작했고, 이후 실제로 새끼 반달곰이 확인되었다. 이것은 지리산 산속에 내보낸 반달곰이 그곳에서 스스로 새끼를 낳고, 새로운 생명이 자연 속에서 태어났다는 의미였다. 그 새끼가 무사히 자라 또 다른 새끼를 낳게 된다면, 반달곰이 지리산에 널리 퍼지고 자리 잡는 미래도 가능하다는 희망을 품게 한 사건이었다.

KM-53이 바꾼 반달곰의 미래

그 이후로 한국에서 반달곰 수는 늘어났고, 야생에 나가 적응하는 과정도 더 순조로워졌다. 그 과정에서 가장 주목받은 반달곰이 바로 KM-53이다.

KM-53은 2015년 10월에 태어나 약 9개월이 되었을 때 지리산 산속으로 풀려났다. 곰의 나이를 사람과 똑같이 보지는 않지만, 곰 기준으로도 9개월은 아직 성장하는 어린 시기다. 그런데 KM-53은 어린 곰다운 왕성한 호기심 때문이었는지, 아니면 독특한 기질 때문이었는지 처음 나온 위치를 벗어나 계속해서 사는 장소를 옮겨 다녔다.

대부분의 반달곰들은 지리산 깊은 곳에서 흩어져 살며 민가 쪽으로는 좀처럼 내려오지 않는다. 복원 사업의 원래 계획도 곰들이 깊은 산속에 머무르도록 하는 것이었다. 그러나 KM-53은 빠르게 지리산을 벗어나기 시작했다. 경상남도 함양과 거창을 지나 산을 타고 계속 이동하더니, 1년 반쯤 지난 2017년에는 경상북도 김천의 수도산에 이르게 되었다.

이때 당국에서는 반달곰을 관리할 준비가 되지 않은 지역에서 곰이 활동하는 것은 위험하다고 판단했다. 사람이 사는 지역이나 도로 근처를 지나다 사고가 일어날 위험이 있었기 때문이다. 결국 당국은 KM-53을 다시 붙잡아 들이기로 결정했다.

그렇게 해서 2017년 6월 15일, KM-53은 야생에서 붙잡혀 시설로 돌아오게 되었다. 이후 21일 동안 다시 산으로 나가기 위한 준비 과정을 거쳤고, 같은 해 7월 6일에 두 번째로 지리산으로 나아갔다. 그러나 이번에도 KM-53은 지리산을 벗어나 다른 지역으로 향했다. 대체적인 이동 방향은 이전과 마찬가지로 김천 수도산 쪽이었다.

걱정했던 대로 이동 중이던 KM-53은 고속도로에서 교통사고를 당하고 말았다. 시속 100km로 달리던 고속버스와 충돌해 다친 것이다. 충격은 버스 범퍼가 크게 찌그러질 정도로 심각했다. 사고 직후 당국은 쓰러진 반달곰을 병원으로 옮겼고, KM-53을 수술을 받게 되었다. 이 수술은 세계 최초로 어른 반달곰을 대상으로 한 복합골절 수술로 기록되었다. 교통사고 자체만으로도 매우 큰일이지만 대형 야생동물인 곰을 수술하는 일은 더욱 어렵고 낯선 도전이었다. 수술은 무려 10시간에 걸쳐 진행되었다고 한다.

하지만 KM-53은 건강하게 회복하는 데 성공했다. 통제 범위를 벗어나 넓은 지역을 자유롭게 누비던 이 곰의 움직임은

시속 100km로 달리는 고속버스조차 막지 못한 셈이다. 결국 많은 논의 끝에 당국은 KM-53이 처음부터 향하려 했던 김천의 수도산으로 보내주기로 결정했다. 일부 언론은 어느새 KM-53의 '53'이라는 번호를 따서 이 곰을 '오삼이'라고 부르기 시작했다. 애초에 이름을 부르지 않기 위해 KM-53이라는 번호를 붙였던 것을 떠올리면 세상 일은 참 예상할 수 없다는 생각이 든다.

그러나 KM-53은 또 한 번 사람들의 예상을 깨뜨렸다. 막상 김천 수도산에 도착하자 그곳을 떠나 다시 다른 지역으로 이동한 것이다. 이번에는 정반대 방향인 남쪽으로 내려갔다. 그렇다고 고향이라고 할 수 있는 지리산으로 돌아가지는 않았다. KM-53은 전라북도에 있는 덕유산으로 건너갔고, 다시 경상남도 합천의 가야산으로, 이후 충청북도 보은 인근의 속리산 가까운 지역으로, 그리고 충북 영동까지 이동했다. 완전히 예측할 수 없는 움직임이었다.

왜 KM-53은 이토록 예측하기 어려운 이동을 반복했을까? 언론은 가장 단순한 해석으로, 짝을 찾기 위한 행동이라고 설명했다. 그러나 한국의 암컷 반달곰은 대부분 지리산에 살고 있다. 만약 짝짓기가 목적이었다면 굳이 멀리까지 갈 이유가 없었다. 어떤 이들은 지리산에 반달곰이 지나치게 많아져 더 이상 자리를 잡기 어렵게 되자 떠난 것이 아니겠느냐고 해석하기도 했다. 하지만 KM-53을 지리산에 내보냈던 시점에서 지리산은 여전히 공간이 충분했다. 실제로 그 이후에 지리산으로 나온 많은 곰들은 큰 문제 없이 잘 정착했다. 그렇다면 혹시 먹이가 부족했기 때문일까? 그렇다고 보기에는 KM-53이 이동한 지역이 지리산보다 유달리 먹이가 풍부해 보이지도 않았다.

결국 KM-53의 이동은 성격 문제로 봐야 할까? 이 곰의 행동을 고민하다 보면 영화 〈쥬라기 공원〉에 나오는 한 대사처럼 '일정 수준을 넘긴 생태계는 아무리 통제하려 해도 결국 예측하지 못한 일이 벌어진다'는 말이 떠오른다. 그런 의미에서 본다면 전라남도의 지리산 국립공원은 21세기 한국의 쥬라기 공원이고, 그 안의 반달곰은 우리 안의 공룡이라고 할 수 있지 않을까?

물론 〈쥬라기 공원〉 같은 일은 현실에서 벌어지지 않았다. 야생동물을 더 안전하게 관리하기 위해 수많은 사람들이 애쓰고 있기 때문이다. 그러나 다른 안타까운 일이 일어났다. 바로 KM-53이 돌연 목숨을 잃은 것이다.

KM-53은 사람이 키우던 꿀통을 습격해 문제를 일으켰다. 2020년 6월 충청북도 영동군의 한 양봉 농가에 반달곰이 침입해 벌통 네 개를 부쉈다. 당국이 추적한 결과, 그 곰이 KM-53이라는 사실이 밝혀졌다. KM-53은 이처럼 사람 사는 곳 근처에 자꾸 모습을 드러냈다. 이런 일이 계속되면 피해가 커지고 사고의 위험도 높아진다. 결국 당국은 KM-53을 산 채로 붙잡기로 결정했다. 일이 잘 풀렸다면 KM-53도 다른 곰들처럼 벌통에 접근하지 않도록 훈련을 받은 뒤 다시 야생으로 돌아갔을 것이다.

2023년 6월, 당국은 추적 기술을 이용해 KM-53의 위치를 파악했고, 그곳으로 구조대원을 보냈다. KM-53이 발견된 곳은 경상북도 상주였다. 역시나 KM-53이 이전에 활동한 지역에서 멀리 떨어진 곳이었다. 구조대원들은 KM-53에게 마취총을 발사했다. 마취 후 안전하게 잡으려는 계획이었다. KM-53은 계획대로 마취총을 맞았지만 곧바로 쓰러지지 않았다. 오히려 야생동물의 본능대로 사람들을 피해 빠르게 도망쳤다.

얼마 후 KM-53은 한 계곡 아래에서 발견되었지만 이미 숨진 뒤였다. 마취 상태에서 정신을 잃은 채 계곡물에 빠져 숨이 끊어졌을 것으로 추측되었다. 계곡물 깊이는 겨우 30cm 정도였고, 몸무게 110kg쯤 되는 반달곰에게는 발목 정도밖에 오지 않는 얕은 물이었다. 하지만 마취 상태였기에 그 얕은 물조차 치명적이었다.

앞으로 KM-53 같은 반달곰이 또다시 나타나게 될까? 만약 그런 일이 다시 생긴다면 그때는 어떤 방식으로 대응해야 할까? 현재 지리산 반달곰 복원 사업은 실패하던 때의 걱정과는 달리 계획 이상으로 순조롭게 진행되고 있다. 초기 목표는 진작에 달성한 상태다. 환경부의 원래 계획은 2020년까지 지리산에 반달곰 50마리 정착하도록 하는 것이었는데, 2018년에 이미 그 수를 넘겼다는 추정이 나왔다. 이후 반달곰 수는 점점 늘어 2023년 기준으로 85마리의 반달곰이 지리산에 살고 있는 것으로 보고되었다.

이제는 야생에 처음 풀어놓은 반달곰이 야생에서 새끼를 낳고, 그 새끼가 다시 새끼를 낳아 4대에 걸쳐 혈통이 이어지는 사례까지 확인되었다. 그만큼 반달곰이 지리산 생태계에 제대로 뿌리내렸다는 뜻이다.

이에 따라 당국의 정책 방향도 단순히 늘리는 것에서 정착한 반달곰들이 안정적으로 지내도록 관리하는 방향으로 바뀌었다. 2023년 12월 6일《광주일보》이진택 기자의 기사에 따르면, 85마리 중 16마리는 복원 사업을 위해 사람이 키운 뒤 풀어놓은 곰이며 나머지 69마리는 그 곰들과 그 후손이 야생에서 낳은 반달곰들이다. 다시 말해, 이제는 야생에서 태어난 반달곰이 더 많은 시대가 된 것이다. 이들 중 31마리는 위치 추적기를 통해 관찰되고 있으며 나머지 54마리는 추적하기 어려운 상태라고 한다.

한국 반달곰 복원은 어느덧 한 고비를 넘었고, 이제는 그 미래를 두고 다양한 의견이 오가고 있는 상황이다. 지리산에 이미 반달곰 수가 너무 많다는 주장도 있고, 반달곰을 더 철저히 통제해야 한다는 의견도 있는가 하면, 반대로 반달곰을 지리산에 가둬두고 감시하기보다는 자연스럽게 퍼져나가게 두자는 입장도 있다.

실제로 KM-53처럼 스스로 지리산을 벗어나 백두대간의 다른 산으로 이동한 사례가 있었던 만큼 지리산뿐 아니라 인근 다른 산들까지 반달곰이 사는 곳으로 확대해야 한다는 주장도 있다. 2018년 5월 《월간산》 보도에 따르면, 환경부 역시 반달곰이 더 다양한 지역에 퍼져 살 수 있도록 새로운 반달곰을 더 내보낼 계획을 세우고 있다고 전했다.

만약 적응력이 강한 몇몇 곰의 자손만이 넓은 지역에 퍼지게 된다면 그만큼 비슷비슷한 곰들만 늘어나 다양성이 부족해질 수 있다. 그렇게 되면 특정 환경 변화에 취약한 곰들이 몰살당할 가능성도 생긴다.

예를 들어, 겨울잠을 곰탱이 안에서만 자는 반달곰들만이 지리산에 살고 있다고 해보자. 그런데 어느 해 겨울, 날씨가 유난히 추워서 곰탱이 재료인 조릿대가 모두 얼어 죽어버린다면 어떻게 될까? 그 곰들은 겨울잠을 제대로 자지 못하고 결국 극심한 추위에 시달리다가 죽음에 이를 수도 있다. 하지만 바위틈에 들어가 겨울을 나는 곰들도 함께 섞여 살아간다면, 그 곰들은 그런 위기 속에서도 꿋꿋이 살아남아 종을 이어갈 수 있다.

결국 다양한 습성과 특성을 지닌 반달곰들이 어울려 살아야 전체 종의 생존 가능성도 높아진다는 이야기다.

어떤 방향으로 정책을 이끌어갈 것인지는 앞으로의 조사와 토론, 다양한 의견 교환을 통해 결정해야 한다. 나는 여기에 더해, 자주 언급되진 않지만 반드시 짚고 넘어가야 할 문제 하나를 덧붙이고 싶다. 바로 반달곰 복원의 가치를 금전적, 경제적 관점에서도 평가해보려는 시도다.

자연 보호는 흔히 돈에 눈이 멀어 환경을 파괴하는 일의 반대말처럼 여겨지기 쉽다. 이 때문에 자연이나 환경의 가치를 돈으로 따지는 시도 자체를 불편하게 생각하는 사람들도 적지 않다. "돈, 돈, 돈 하다가 전국의 반달곰이 다 죽었는데, 이제 와서 복원을 이야기하면서 또다시 돈 이야기를 꺼내느냐"라는 반응이 나오는 것도 어느 정도는 이해가 된다.

하지만 우리 사회에서, 특히 국가 예산이 투입되는 사업일수록 왜 이 일이 중요한지, 어느 정도의 예산을 들여야 하는지에 대한 설명은 늘 구체적인 근거를 바탕으로 이루어져야 한다. 누군가 "반달곰 보호 예산을 없애고, 그 돈으로 가난한 사람을 돕자"라거나 "학교를 하나 더 지어서 아이들을 위해 쓰자. 그게 더 시급하지 않느냐"라고 묻는다면 우리는 뭐라고 답해야 할까? 그런 지적에 "반달곰 보호도 그만한 가치가 있는 일이다"라고 자신 있게 말하려면 복원을 통해 어떤 이익이 생기는

지, 그 이익이 누구에게 어떤 방식으로 돌아가는지를 분명하게 설명할 수 있어야 한다. 그리고 그 설명을 뒷받침하려면 체계적인 연구와 분석이 반드시 필요하다.

나는 이러한 노력이 결국 반달곰을 지키고 자연을 보전하는 정부의 예산과 관심이 더 꾸준히, 더 튼튼히, 더 오래 이어지게 할 수 있는 길이라고 생각한다. 그리고 그 속에서 자연의 일부로 살아가는 사람들의 삶과 그 사회에 대한 이해도 함께 깊어질 수 있을 거라고 믿는다.

⊙ 참고 문헌 ⊙

1장 고라니 × 충청남도

곽재식, 〈삼국사기 소재 백제 멸망 기록과 기후변화 서사 소재로의 활용〉, 《문화와 융합》 제46권 2호, 2024, 141~154쪽.

국립생태원, 〈국립생태원_로드킬 정보시스템 로드킬 신고 현황_20221231〉, 공공데이터포털, 2025년 4월 2일 접속.

노병언 외, 〈2023년 중증열성혈소판감소증후군 매개 참진드기 감시현황〉, 2024, 1406~1418쪽.

뉴시스, 〈질병청, '연간 환자 6000명' 쯔쯔가무시증 매개체 감시〉, 《뉴시스》, 2024년 8월 28일.

원병휘 외, 〈韓國産 哺乳動物의 生態에 關한 硏究(한국산 포유동물의 생태에 관한 연구)〉, 《논문집(論文集)》 제6권 7호, 1969, 59~85쪽.

유혜선, 〈고고 자료의 잔존 지방 분석〉, 《한국문화재보존과학회 학술대회》, 2003, 38~41쪽.

이규보, 류희정 옮김, 《동명왕의 노래》, 보리, 2005.

이상수 외, 〈부여 능산리 출토 등잔(燈盞) 기름분석〉, 《고고학지》 제9권, 1998, 159~180쪽.

채준석, 〈국내 동물의 SFTS 검출 현황〉, 《대한인수공통전염병학회 학술발표초록집》 2018년 제1호, 2018, 115~158쪽.

천권필, 〈국제 멸종위기종 고라니, 국내선 왜 민폐동물 됐을까〉, 《중앙일보》, 2018년 1월 22일.
최민정, 〈고라니 도심 출몰 멧돼지보다 많다〉, 《국제신문》, 2018년 1월 15일.
최세진, 《훈몽자회(訓蒙字會)》, 학자원, 2019.
환경부, 〈봄철 야생 진드기와 야생동물 접촉 주의하세요〉, 대한민국 정책 브리핑, 2015년 3월 27일.
KBS 월드뉴스, 〈중국, 야생 고라니 개체 수 크게 늘어〉, 《KBS 월드뉴스》, 2019년 2월 18일.
Dubost, Gérard, et al., "The Chinese water deer, *Hydropotes inermis* - A fast-growing and productive ruminant," *Mammalian Biology* 76.2 (2011): 190-195.
Kim, Baek-Jun, et al. "Distribution, density, and habitat use of the Korean water deer (*Hydropotes inermis argyropus*) in Korea." *Landscape and Ecological Engineering* 7 (2011): 291-297.
Schilling, Ann-Marie, and Gertrud E. Rössner. "The (sleeping) Beauty in the Beast-a review on the water deer, *Hydropotes inermis.*" *Hystrix* 28.2 (2017): 121.

2장 멧돼지 × 경상남도

곽재식, 이강훈 그림, 《한국 괴물 백과》. 워크룸프레스, 2024.
김나라, 〈주택가 근처에도 머무는 멧돼지, 피할 때는 이렇게〉, 《MBC 뉴스》, 2016년 7월 8일.
김부식, 이병도 옮김, 《삼국사기》, 을유문화사, 1996.
김영길, 〈'ASF 백신 개발, 어디까지 왔나' 국회토론회 지상중계〉, 《축산신문》, 2024년 5월 29일.
김정훈, 〈경남 멧돼지 피해 급증… 서식 밀도 전국서 최고〉, 《경향신문》, 2011년 8월 31일.
국사편찬위원회, 《조선왕조실록》, 조선왕조실록 정보화사업 웹사이트.
뉴시스, 〈조달청, 돼지열병 연구시설 공사장 찾아 현장 점검〉, 《뉴시스》, 2024년 4월 26일.
신문철, 〈재래돼지의 과거와 현재, 그리고 미래〉, 《축산정보뉴스》, 2022년 8월

31일.
유광수, 〈〈최고운전〉의 설화적 전승과 '최치원설화'의 연원〉, 《한국문학연구》 제39권, 2010, 5~29쪽.
유지한, 〈인간 장기와 형태·크기 유사… 임신 짧아 대량 생산 유리〉, 《조선일보》, 2023년 9월 25일.
윤희일, 〈돼지 각막 이식한 원숭이 눈, 1년간 '정상'〉, 《경향신문》, 2018년 6월 27일.
윤희일, 〈세계는 '멧돼지 전쟁'〉, 《경향신문》, 2019년 6월 7일.
이재현. 〈"멧돼지 소멸화 전략 짰다"… 'ASF 차단' 전국 엽사 4천명 동원〉, 《연합뉴스》, 2020년 11월 10일.
진상근 외, 〈축산물 및 가공: 생균제 급여와 재래돼지와 멧돼지의 교배에 의해 브랜드화 된 돈육의 물리화학적 및 관능적 특성 비교〉, 《한국축산학회지》 제49권 1호, 2007, 99~108쪽.
캐럴 계숙 윤, 정지인 옮김, 《자연에 이름 붙이기》, 윌북, 2023.
Andersson, H. "Plasma melatonin levels in relation to the light-dark cycle and parental background in domestic pigs." *Acta Veterinaria Scandinavica* 42 (2001): 1-8.
Arendt, Josephine. "Melatonin and the pineal gland: influence on mammalian seasonal and circadian physiology." *Reviews of Reproduction* 3 (1998): 13-22.
Chenais, Erika, et al. "Epidemiological considerations on African swine fever in Europe 2014–2018." *Porcine Health Managemen*t 5, no.1 (2019): 6.
Choi, Jung-Woo, et al. "Whole-genome resequencing analyses of five pig breeds, including Korean wild and native, and three European origin breeds." *DNA Research* 22, no.4 (2015): 259-267.
Clauss, Marcus, et al. "Bergmann's rule in mammals: a cross...species interspecific pattern." *Oikos* 122, no.10 (2013): 1465-1472.
Danzetta, Maria Luisa, et al. "African swine fever: lessons to learn from past eradication experiences. A systematic review." *Frontiers in Veterinary Science* 7 (2020): 296.
Iannucci, Alessio, et al. "Size shifts in late Middle Pleistocene to Early Holocene Sus scrofa (Suidae, Mammalia) from Apulia (southern Italy). Ecomorphological adaptations?" *Hystrix* 31, no.1 (2020): 1-11.

Lewczuk, Bogdan, and Barbara Przybylska-Gornowicz. "The effect of continuous darkness and illumination on the function and the morphology of the pineal gland in the domestic pig." *Neuroendocrinology Letters* 21 (2000): 283-291.

Mur, L., et al. "Thirty...five...year presence of African swine fever in Sardinia: History, evolution and risk factors for disease maintenance." *Transboundary and Emerging Diseases* 63, no.2 (2016): e165-e177.

Simchick, Gregory, et al. "Pig brains have homologous resting-state networks with human brains." *Brain Connectivity* 9, no.7 (2019): 566-579.

Sur, Jung-Hyang. "How far can African swine fever spread?" *Journal of Veterinary Science* 20, no.4 (2019).

3장 여우 × 경상북도

곽경호 외, 〈야생조수(野生鳥獸) 인공사육농가(人工飼育農家)의 경영실태분석(經營實態分析)(사슴, 꿩, 멧돼지와 여우 사육농가를 중심으로)〉, 《농업과학연구》 제20권 1호, 1993, 25~33쪽.

곽재식, 이강훈 그림, 《한국 괴물 백과》, 워크룸프레스, 2024.

고은지, 〈9월 멸종위기 야생생물 '여우'… 쥐약 2차중독에 자취 감춰〉, 《연합뉴스》, 2024년 9월 1일.

국립공원연구원, 《2020 멸종위기야생생물 증식복원사업 연간보고서》, 국립공원야생생물보전원, 2022.

김부식, 이병도 옮김, 《삼국사기》, 을유문화사, 1996.

김육, 《잠곡선생 유고 권지일, 노호(潛谷先生遺稿卷之一, 老狐)》, 한국고전종합DB.

리 앨런 듀가킨 외, 서민아 옮김, 《은여우 길들이기》, 필로소픽, 2018.

신소윤, 〈해운대 달맞이 고개서 목격된 여우… 소백산 400km 회귀 중 폐사〉, 《한겨레》, 2023년 3월 24일.

이옥, 실시학사 고전문학연구회 옮김, 《완역 이옥전집 3: 벌레들의 괴롭힘에 대하여》, 휴머니스트, 2009.

이화진 외, 〈반자연적 사육 상태에서의 여우 행동 패턴〉, 《한국환경생태학회지》 제28권 2호, 2014, 123~127쪽.

이화진 외, 〈반자연적 사육 상태에서의 여우 행동 패턴〉, 《한국환경생태학회 학술

대회지》 2012년 제2호, 2012, 195~198쪽.
이행 외, 이익성 외 옮김, 《신증동국여지승람》, 한국고전종합DB.
일연, 김희만 외 옮김, 《삼국유사》, 국사편찬위원회 한국사데이터베이스.
지용수, 〈백두대간에 90여 마리 자연 정착… 토종 여우 복원 순항〉, 《KBS 뉴스》, 2023년 2월 17일.
Andreychev, Alexey. "Vocalizations by red fox(Vulpes vulpes) in natural and climatic conditions of Mordovia(Middle Volga region)." *E3S Web of Conferences*. vol.462. EDP Sciences, 2023.
Gogoleva, S. S., et al. "To bark or not to bark: vocalizations by red foxes selected for tameness or aggressiveness toward humans." *Bioacoustics* 18.2 (2008): 99-132.
McLean, Stuart, Noel W. Davies, and David S. Nichols. "Scent chemicals of the tail gland of the red fox, Vulpes vulpes." *Chemical Senses* 44.3 (2019): 215-224.
McLean, Stuart, David S. Nichols, and Noel W. Davies. "Volatile scent chemicals in the urine of the red fox, Vulpes vulpes." *PLoS One 16.3* (2021): e0248961.

4장 청설모 × 강원도

국립국어원, 《국립국어원 표준어국어대사전》, 문화체육관광부 국립국어원, 2025.
국사편찬위원회, 《조선왕조실록》, 조선왕조실록 정보화사업 웹사이트.
김유정, 〈최근 5년간 야생동물 농작물 피해 542억원, 피해신고 4만 9천여건에 달해〉, 《서해타임즈》, 2023년 9월 21일.
김은지, 〈산림환경 보호를 위한 입목축적 기준에 관한 연구〉, 《일감부동산법학》 제24권, 2022, 3~49쪽.
김종서 외, 경인문화사 외 옮김, 《고려사》, 경인문화사.
미스테리아, 《미스테리아 52호》, 엘릭시르, 2024년 7월 30일.
배상원, 〈숲이 희망이다 4부-57. 한국의 조림, 허와 실〉, 《경향신문》, 2005년 7월 31일.
배재수, 〈한국의 산림 변천: 추이, 특징 및 함의〉, 《한국산림과학회지》 제98권 6호, 2009, 659~668쪽.

이경준, 《山에 미래를 심다》, 서울대학교출판부, 2006.
이긍익, 이병도 외 옮김, 《연려실기술》, 한국고전종합DB.
이문호, 〈호두나무의 청설모 피해현황 및 방제법〉, 《산림정보》, 2010.
이원, 정재훈 외 옮김, 〈명호서원 강당 상량문(明湖書院講堂上樑文)〉, 한국고전종합DB.
이익, 임창순 외 옮김, 《성호사설》, 한국고전종합DB.
이희훈, 〈활발하고 귀여운 애완동물 '다람쥐'〉, 《특수가축돋보기》, 2006.
조강현, 김준호, 〈우리나라 삼림의 변화와 전망〉, 《생태와환경》 제47권 4호, 2014, 337~341쪽.
조미자, 〈배와 금상숙(坏窩 金相肅)의 서예론과 문방사우론 연구〉, 학위논문, 한양대학교, 2011.
조항범, 〈'다람쥐', '두더지', '청설모'의 語源(어원)에 대하여〉, 《우리말글》 제69권, 2016, 77~102쪽.
조홍섭, 〈한반도 고유종 다람쥐, 프랑스에서 천덕꾸러기 된 까닭〉, 《한겨레》, 2017년 11월 24일.
Hayashida, Mitsuhiro. "Seed dispersal by red squirrels and subsequent establishment of Korean pine." *Forest Ecology and Management* 28.2 (1989): 115-129.
Miyaki, Masami. "Seed dispersal of the Korean pine, Pinus koraiensis, by the red squirrel, Sciurus vulgaris." *Ecological Research* 2.2 (1987): 147-157.
Patton, David R., and J. Robert Vahle. "Cache and nest characteristics of the red squirrel in an Arizona mixed-conifer forest." *Western Journal of Applied Forestry* 1.2 (1986): 48-51.
Seldin, Marcus M., et al. "Seasonal oscillation of liver-derived hibernation protein complex in the central nervous system of non-hibernating mammals." *Journal of Experimental Biology* 217.15 (2014): 2667-2679.

5장 너구리 × 경기도

각훈, 장휘옥 외 옮김, 《해동고승전》, 민족사, 1991.
곽재식, 이강훈 그림, 《한국 괴물 백과》, 워크룸프레스, 2024.
국사편찬위원회, 《조선왕조실록》, 조선왕조실록 정보화사업 웹사이트.

김백준 외, 〈전라남도 구례 농촌지역에서의 단기원격무선추적을 이용한 너구리(Nyctereutes procyonoides koreensis) 한 쌍의 행동권에 관한 연구〉, 《한국환경생태학회지》 제22권 3호, 2008, 230~240쪽.
김부식, 이병도 외 옮김, 《삼국사기》, 을유문화사, 1996.
김성배 외, 《가죽문화재 식별 분석 공동연구서》, 국립고궁박물관, 2020.
김성수, 〈야생 너구리에 물려 공수병 / 포천 40대 두달만에 사망〉, 《서울신문》, 2003년 5월 21일.
민미숙 외, 〈동아시아 너구리의 계통지리, 개체군유전학 및 비교형태학 연구(Phylogeography, population genetics and comparative morphological study of raccoon dogs (Nyctereutes procyonoides) in East Asia)〉, 《한국연구재단》, TRKO201300012058, 2012.
박재구, 〈개선충 감염 너구리 증가… 경기도 "만지지 말고 신고하세요"〉, 《국민일보》, 2019년 12월 16일.
양동군, 〈국내 광견병은 야생 너구리가 전파한다〉, 《대한수의학회지》 제49권 3호, 2013, 181~185쪽.
연합뉴스, 〈경기 화성 고양이에서 광견병 확인〉, 《연합뉴스》, 2013년 1월 28일.
연합뉴스, 〈고양시, 북한산 · 고봉산에 광견병 미끼 백신 6천 개 살포〉, 《연합뉴스》, 2024년 3월 6일.
윤상준, 〈수도권 도심 주거지역 인근에도 광견병 전파 야생너구리 관찰〉, 《데일리벳》, 2015년 8월 20일.
이준성, 〈고구려 초기 연노부(涓奴部)의 쇠퇴와 왕권교체〉, 《역사와현실》 제80권, 2011, 19~50쪽.
일연, 김희만 외 옮김, 《삼국유사》, 국사편찬위원회 한국사데이터베이스.
차학봉, 〈양재천 너구리 일가족 "우리 이웃 됐네"〉, 《조선일보》, 1998년 9월 19일.
최세진, 《훈몽자회》, 학자원, 2019.
최태영, 박종화, 〈농촌 지역의 너구리 Nyctereutes procyonoides 행동권〉, 《Journal of Ecology and Environment》 제29권 3호, 2006, 259~263쪽.
허남세, 〈야생동물 농가 부업시대〉, 《경향신문》, 1985년 9월 13일.
허준, 조헌영 외 옮김, 《동의보감》, 북피아(여강), 2005.
질병관리청, 〈공수병(광견병)〉, 질병관리청 국가건강정보포털, 2020년 7월 1일.
Cliquet, F., et al. "Efficacy and bait acceptance of vaccinia vectored rabies glycoprotein vaccine in captive foxes (*Vulpes vulpes*), raccoon dogs (*Nyctereutes procyonoides*) and dogs (*Canis familiaris*)." *Vaccine* 26.36 (2008):

4627-4638.

Drygala, Frank, and Hinrich Zoller. "Diet composition of the invasive raccoon dog (*Nyctereutes procyonoides*) and the native red fox (*Vulpes vulpes*) in north-east Germany." *Hystrix* 24.2 (2013): 190.

Drygala, Frank, et al. "Ranging and parental care of the raccoon dog Nyctereutes procyonoides during pup rearing." *Acta Theriologica* 53 (2008): 111-119.

Haley, Betsy S., Are R. Berentsen, and Richard M. Engeman. "Taking the bait: species taking oral rabies vaccine baits intended for raccoons." *Environmental Science and Pollution Research* 26 (2019): 9816-9822.

Maki, Joanne, et al. "Oral vaccination of wildlife using a vaccinia-rabies-glycoprotein recombinant virus vaccine (RABORAL V-RG®): a global review." *Veterinary Research* 48 (2017): 1-26.

Zoller, Hinrich, and Frank Drygala. "Activity patterns of the invasive raccoon dog (*Nyctereutes procyonoides*) in North East Germany." *Folia Zoologica* 62.4 (2013): 290-296.

6장 붉은박쥐 × 충청북도

국립문화재연구소, 〈붉은박쥐 증식 보존 연구〉, 국립문화재연구소 천연기념물센터, 2009년.

노지현, 〈조선 후기 박쥐문의 도입과 왕실 내 사용 양상〉, 《미술사학연구》(구 고고미술) 제318권, 2023, 103~133쪽.

송무호, 〈사망원인 1위 '암' 예방할 수 없나?〉, 《건강다이제스트》, 2025년 2월 21일.

이석간 외, 《사의경험방》, 한의학고전DB.

이재현, 〈천연기념물 일명 '황금박쥐' 원주 치악산에 8년째 산다〉, 《연합뉴스》, 2023년 9월 4일.

장경희, 〈조선과 청대 궁궐 건축에 보이는 박쥐문의 유입과 그 영향 - 19세기 중반 악선재와 공왕부를 중심으로〉, 《인문과학연구》 제35권, 2022, 155~189쪽.

정약용, 〈제세서첩〉, 《여유당전서》 제14권, 한국고전종합DB.

정조, 《원행을묘정리의궤》, 디지털 장서각, K2-2897.

Bhak, Youngjune, et al. "Myotis rufoniger genome sequence and analyses: M. rufoniger's genomic feature and the decreasing effective population size of Myotis bats." *PLoS One* 12.7 (2017): e0180418.

Clayton, Emily, and Muhammad Munir. "Fundamental characteristics of bat interferon systems." *Frontiers in Cellular and Infection Microbiology* 10 (2020): 527921.

Foley, Nicole M., et al. "Growing old, yet staying young: the role of telomeres in bats' exceptional longevity." *Science Advances* 4.2 (2018): eaao0926.

Patterson, Bruce D., et al. "Genetic variation and relationships among Afrotropical species of Myotis (Chiroptera: Vespertilionidae)." *Journal of Mammalogy* 100.4 (2019): 1130-1143.

Power, Megan L., et al. "Taking flight: an ecological, evolutionary and genomic perspective on bat telomeres." *Molecular Ecology* 31.23 (2022): 6053-6068.

Wilkinson, Gerald S., and Jason M. South. "Life history, ecology and longevity in bats." *Aging Cell* 1.2 (2002): 124-131.

7장 담비 × 전라북도

국사편찬위원회, 국사편찬위원회 외 옮김, 《국역 중국정사조선전(전5권) (中國正史朝鮮傳)》, 국사편찬위원회, 2003.

덕천광방, 《대일본사》, 국립중앙도서관 조선총독부고서부분류표 古6-10.

박임근, 〈멸종위기종 담비, 교통사고 한 달 만에 '자연 품으로'〉, 《한겨레》, 2020년 6월 4일.

윤재운, 〈한국문화사 - 한여름의 모피 패션〉, 국사편찬위원회 우리역사넷.

이건 외, 김일우 외 옮김, 《역주 제주고기문집》, 제주문화원, 2007.

이덕무, 〈청장관전서, 앙엽기(盎葉記)〉, 《한국문집총간》, 한국고전종합DB.

이정빈, 〈4세기 전반 고구려의 해양활동과 황해 - 고구려와 후조·모용선비의 관계를 중심으로〉, 《역사와실학》 제59권, 2016, 5~41쪽.

정석배, 〈유물로 본 발해와 중부 - 중앙아시아지역 간의 문화교류에 대해〉, 《고구려발해연구》 제57권, 2017, 59~91쪽.

조재삼, 강민구 외 옮김, 《교감국역 송남잡지》, 소명출판, 2008.

최희준, 〈'멸종위기종' 담비, 전주에서 사냥하는 모습 포착… "매우 이례적"〉, 《조선일보》, 2019년 5월 2일.

KBS 스페셜, 〈벌꿀을 둔 치열한 신경전! 지리산 벌꾼 vs 숲의 최강자 담비〉, 《KBS 동물티비 : 애니멀포유 - KBS 스페셜》, 2016년 4월 2일.

Anil, G., et al. "Observations on the Nilgiri Marten Martes gwatkinsii (Mammalia: Carnivora: Mustelidae) from Pampadum Shola National Park, the southern Western Ghats, India." *Journal of Threatened Taxa* 10.1 (2018): 11226-11230.

Carter, Gerald G., and Gerald S. Wilkinson. "Intranasal oxytocin increases social grooming and food sharing in the common vampire bat Desmodus rotundus." *Hormones and Behavior* 75 (2015): 150-153.

Crockford, Catherine, et al. "Endogenous peripheral oxytocin measures can give insight into the dynamics of social relationships: a review." *Frontiers in Behavioral Neuroscience* 8 (2014): 68.

Crockford, Catherine, Tobias Deschner, and Roman M. Wittig. "The role of oxytocin in social buffering: what do primate studies add?" *Behavioral Pharmacology of Neuropeptides: Oxytocin* (2018): 155-173.

Graw, Beke, Bart Kranstauber, and Marta B. Manser. "Social organization of a solitary carnivore: spatial behaviour, interactions and relatedness in the slender mongoose." *Royal Society Open Science* 6.5 (2019): 182160.

Newman, Chris, et al. "Contrasting sociality in two widespread, generalist, mustelid genera, Meles and Martes." *Mammal Study* 36.4 (2011): 169-188.

Smith, Adam S., et al. "Manipulation of the oxytocin system alters social behavior and attraction in pair-bonding primates, Callithrix penicillata." *Hormones and Behavior* 57.2 (2010): 255-262.

Twining, Joshua P., and Chris Mills. "Cooperative hunting in the yellow‐throated marten (Martes flavigula): Evidence for the not‐so‐solitary marten?" *Ecosphere* 12.3 (2021): e03398.

8장 반달곰 × 전라남도

강한들, 〈버스에 치여도 다시 살아났던 반달곰 '오삼이', 마취총 맞고 사망〉, 《경향신문》, 2023년 6월 14일.
고은경, 〈반달곰 '오삼이' 사망은 예견된 사고… 전문가들 '너무 아쉬워'〉, 《한국일보》, 2023년 8월 2일.
고은경, 〈지리산 반달곰 28마리 추적 불가… 증식 아닌 서식지 안정화해야〉, 《한국일보》, 2017년 7월 26일.
국사편찬위원회, 《조선왕조실록》, 조선왕조실록 정보화사업 웹사이트.
곽재식, 《곽재식의 도시 탐구》, 아라크네, 2022.
곽재식, 《판다 정신》, 생각정원, 2024.
김부식, 이병도 외 옮김, 《삼국사기》, 을유문화사, 1996.
김웅민, 〈대웅제약, 우루사 최신지견 3판 발간… '감염병부터 담석 예방'까지 UDCA의 재발견〉, 《팜뉴스》, 2025년 1월 17일.
김택근, 〈반달곰을 기다리며〉, 《경향신문》, 2009.
미셸 파스투로, 주나미 옮김, 《곰, 몰락한 왕의 역사》, 오롯, 2014.
박민상, 〈염소 물고 달아난 반달곰‥"오지 마" 안간힘〉, 《MBC 뉴스외전》, 2023년 8월 31일.
박정원, 〈[소특집 한반도 멸종위기 동식물 | 〈3〉 서식지확대 가능한가?] 설악산 · 오대산 반달곰 서식지 조사 완료〉, 《월간산》, 2018년 1월 8일.
불교학술원, 《통합대장경 - 대방광불화엄경소》, 불교기록문화유산 아카이브.
연합뉴스, 〈"북한산 웅담 '조선곰열' 팝니다"… 알고 보니 돼지 쓸개〉, 《연합뉴스》, 2017년 2월 22일.
이순용, 〈한약재 웅담의 잘못된 오해… "한의원선 국내 사육 웅담 안 써요"〉, 《이데일리》, 2024년 4월 23일.
이진택, 〈지리산 반달가슴곰 복원 20년째… 85마리 지리산 누벼〉, 《광주일보》, 2023년 12월 6일.
이해영, 〈일 아키타현, 반달곰 817마리 사살… '멸종' 우려 항의도〉, 《연합뉴스》, 2018년 1월 8일.
이행 외, 이익성 외 옮김, 《신증동국여지승람》, 한국고전종합DB.
일연, 김희만 외 옮김, 《삼국유사》, 국사편찬위원회 한국사데이터베이스.
조은비, 〈한반도 개척하던 반달가슴곰, 포획 중 폐사〉, 《뉴스펭귄》, 2023년 6월 15일.
충청남도지편찬위원회, 《충청남도지》, 충청남도지편찬위원회, 2006.
허준, 조헌영 옮김, 《동의보감》, 북피아(여강), 2005.
Garshelis, David L., et al. "The need to step-up monitoring of Asian bears."

Global Ecology and Conservation 35 (2022): e02087.

Ngoprasert, Dusit, et al. "Density estimation of Asian bears using photographic capture-recapture sampling based on chest marks." *Ursus* 23.2 (2012): 117-133.

Ogawa, Yoh, et al. "Marking behavior of Asiatic black bears at rub trees." *Ursus* 2021.32e24 (2021): 1-7.

Waqar, Unza, et al. "Historical and current distribution ranges of the Asiatic black bear (Ursus thibetanus)." *Scientific Reports* 14.1 (2024): 2505.

다른 인스타그램

뉴스레터 구독

팔도 동물 열전

초판 1쇄 2025년 6월 20일
초판 2쇄 2025년 10월 2일

지은이 곽재식

펴낸이 김한청
기획편집 원경은 차언조 양선화 양희우 장민기
마케팅 정원식 이진범
디자인 이성아 황보유진
운영 설채린

펴낸곳 도서출판 다른
출판등록 2004년 9월 2일 제2013-000194호
주소 서울시 마포구 동교로 27길 3-10 희경빌딩 4층
전화 02-3143-6478 **팩스** 02-3143-6479 **이메일** khc15968@hanmail.net
블로그 blog.naver.com/darun_pub **인스타그램** @darunpublishers

ISBN 979-11-5633-694-5 03490

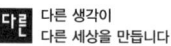